Ivar Broman

Die Entwickelungsgeschichte der Gehörknöchelchen beim Menschen

Akademische Abhandlung zur erlangung der medizinischen Doktorwürde

Ivar Broman

Die Entwickelungsgeschichte der Gehörknöchelchen beim Menschen
Akademische Abhandlung zur erlangung der medizinischen Doktorwürde

ISBN/EAN: 9783743364523

Hergestellt in Europa, USA, Kanada, Australien, Japan

Cover: Foto ©berggeist007 / pixelio.de

Manufactured and distributed by brebook publishing software (www.brebook.com)

Ivar Broman

Die Entwickelungsgeschichte der Gehörknöchelchen beim Menschen

Aus den histologischen Instituten zu Stockholm und Lund.

DIE
ENTWICKELUNGSGESCHICHTE DER GEHÖRKNÖCHELCHEN

BEIM

MENSCHEN.

AKADEMISCHE ABHANDLUNG

WELCHE ZUR

ERLANGUNG DER MEDICINISCHEN DOCTORWÜRDE

IM HÖRSAAL N:O VI DER UNIVERSITÄT LUND

AM 11 FEBRUAR 1899 UM 10 UHR VORM.

ÖFFENTLICH VERTEIDIGT WIRD

VON

IVAR BROMAN,

MED. LIC., I. V. PROSEKTOR AM ANATOMISCHEN INSTITUT DER UNIVERSITÄT LUND.

MIT 14 FIGUREN IM TEXT UND 6 DOPPELTAFELN

WIESBADEN.

VERLAG VON J. F. BERGMANN.

1899.

Frühere Untersuchungen.

Seitdem Huschke (1824) zum erstenmal eine Beschreibung
(27) über den Ursprung der Gehörknöchelchen gegeben, hat
diesen Gegenstand betreffend ein fast ununterbrochener Streit
geherrscht. Noch heute sind die Meinungen so geteilt, dass es
wohl erlaubt sein kann, noch eine Untersuchung über diese
Streitfrage zu veröffentlichen.

Die auf S. (510—513) folgende tabellarische Zusammenstellung
der wichtigsten bezüglichen Litteratur erlaubt einen bequemen
Überblick der Meinungen der verschiedenen Verfasser über das
Entstehen der Gehörknöchelchen.

Wie wir auf dieser Tabelle sehen, herrschte zwischen den
Jahren 1842—1862 ein Stillstand im Streit um das Entstehen der
Gehörknöchelchen. Wie Dreyfuss (10) bemerkt, hatte dieses
wahrscheinlich seinen Grund darin, dass man die Sache als
abgemacht betrachtete, nachdem ein Mann mit der Autorität
Reicherts dieselbe behandelt. Dass Günther (18) den Ursprung des Stapes betreffend zu einem anderen Resultat kam,
scheint auf die allgemeine Meinung keinen Einfluss geübt zu
haben.

Reichert (45) führte die bezügliche Untersuchung an
Schweinsembryonen aus und präparierte durch Dissektion die
Anlagen der Gehörknöchelchen hervor. Am proximalen Ende
des ersten knorpeligen Visceralstreifens unterscheidet er drei
Abschnitte, von denen der erste, obere, der „mehr häutiger

1*

Jahr	Ursprung des			Bemerkungen
	Malleus	Incus	Stapes	
Haschko (27) — 1824	1. Visceralbogen	2. Visceralbogen	1. u. 2. V.-Bogen	
Burdach (9) — 1828	1. "	2. "	Labyrinthkapsel	Rathke und Valentin geben an, dass Malleus, Incus und der Meckel'sche Knorpel aus einer von der hinteren Wand der Paukenhöhle hervorwachsenden „Warze" gebildet werden.
Rathke (44) — 1832	1. "	1. "		
Valentin (62) — 1835	1. "	1. "		
Reichert (45) — 1837	1. "	1. "	2. Bogen	
Bischoff (4) — 1842	1. "	1. "		
Günther (18) — 1842	1. "	1. "	1. Bogen	
Magitot et Robin (36) — 1862	1. "	Selbständig	Selbständig	
Bruch (8) — 1863	1. "	1. Bogen	2. Bogen	Die Angabe über den Stapesursprung doch nicht ganz bestimmt.
Huxley (28) — 1864	1. "	1. "	Labyrinthkapsel	
Huxley (29 u. 30) — 1869—71	1. "	2. "	2. Bogen	
Gegenbaur (16) — 1870	1. "	1. "		Ist doch über den Ursprung des Stapes ungewiss.
Semmer (53) — 1872	1. "	1. "		
Parker (39) — 1874	1. "	2. "	Labyrinthkapsel	
Parker (40) — 1886	1. "	1. "	2. Bogen	
Huut (25 u. 26) — 1876	Selbständig	Selbständig	Selbständig	
Gruber (17) — 1878	Labyrinthkapsel	Labyrinthkapsel	Labyrinthkapsel	Cit. nach Fraser.

	Jahr	Ursprung des			Bemerkungen
		Malleus	Incus	Stapes	
Löwe (35)	1878	Visceralknorpel		?	Alle Gehörknöchelchen anfangs zusammenhängend. Von welchem oder welchen Visceralknorpeln sie stammen, wird nicht erklärt. Über den Ursprung des Stapes ungewiss.
Kölliker (33)	1879	1. Bogen	1. Bogen	?	Die Angabe jedoch unbestimmt.
Hannover (19)	1880	Labyrinthkapsel	Labyrinthkapsel	Labyrinthkapsel	
Urbantschitsch (60)	1880	—	—		
Salensky (46)	1879	1. Bogen	1. Bogen	1. Bogen	„Der Steigbügel muss als ein selbständiges Verknorpelungscentrum im Gebiete des ersten Visceralbogens betrachtet werden."
Salensky (47)	1880	1. „	1. „	Selbständig	Referiert hauptsächlich die erste Untersuchung Parkers. — F. a. B. do.
Fraser (13)	1882	1. „	2. „	Labyrinthkapsel	
Balfour (2)	1881	1. „	2. „		
Foster and Balfour (12)	1883	1. „	2. „	1. Bogen	Meint, dass alle Gehörknöchelchen aus „le suspensorium de la mandibule" gebildet werden. (Symplecticum = Malleus; Hyomandibulare = Incus, Os lenticulare und Stapes.)
Albrecht (1)	1883	1. „	1. „	1. Bogen	
Quein (41)	1886	1. „	1 „	2. Bogen (?)	

	Jahr	Ursprung des			Bemerkungen
		Malleus	Incus	Stapes	
Gradenigo (15)	1887	1. Bogen	1. Bogen	doppelt	Annulus stapedialis vom 2. Bogen; Lamina Stap. von der Labyrinthkapsel.
v. Noorden (88)	1887	1. "	1. "	.	Annulus stapedialis selbständig; Lamina und ein Teil der Crura von der Labyrinthkapsel.
Rahl (42)	1887	1. "	1. "	2. Bogen. Labyrinthkapsel o. vielleicht „doppelt"	
Schwalbe (52)	1887	1. "	1. "		
Gadow (14)	1888	2. "	2. "	2. Bogen	Alle Gehörknöchelchen sind zu betrachten als „one organ of one common origin namely as a modification of the hyomandibula, the primitive proximal paramere of the second visceral arch."
Schäfer (48)	1890	1. "	1. "	?	Spricht sich nicht über den Ursprung des Stapes aus, sondern erwähnt nur die verschiedenen Auffassungen.
Bonnet (5)	1891	1. "	1. "	Selbständig	Do.
Staderini (57)	1891	—	—	?	Dieses gilt jedoch nur den Annulus stapedialis. Über den Ursprung der Lamina stap., des Malleus und Incus wird nichts angegeben.
Dreyfuss (10)	1892	1. Bogen	1. Bogen	2. Bogen	
Baumgarten (3)	1892	1. "	1. "		

Jahr		Ursprung des			Bemerkungen
		Malleus	Incus	Stapes	
Hertwig (22 u. 23)	1893	1. Bogen	1. Bogen	doppelt	Lamina stap. von der Labyrinth-kapsel; Annulus stap. vom 2. Bogen.
Wiedersheim (63)	1893	1. "	1. "	Labyrinthkapsel	
Minot (37)	1894	1. "	1. "		
Siebenmann (54 u 55)	1894—98	Selbständig	Selbständig	Selbständig	
Zoudek (64)	1895	1. Bogen	1. Bogen	2. Bogen	
Jacobr (31)	1895	1. "	1. "	", ?	
Broca et Lenoir (6)	1896	1. und 2. Bogen	1. und 2. Bogen	—	
Schenk (50)	1896	1. Bogen	1. Bogen	doppelt	Lamina stap. von der Labyrinth-kapsel; Annulus stap. vom 2. Bogen.
Spee (56)	1896	1. "	1. "	Labyrinthkapsel oder 2. Bogen (?)	
O. Schultze (53)	1897	1. "	1. "	doppelt	
Kollmann (32)	1898	1. "	1. "	2. Bogen ?	
Hegetschweiler (21)	1898	1. "	1. "	2. Bogen	

Natur" war, „gar keinen Anteil an der Bildung dieser Knöchelchen" hatte, der zweite und dritte dagegen ganz für dieselben
bestimmt waren. Von dieser zweiten Abteilung wird der Incus
gebildet und zwar so, dass zuerst ein Auswuchs (Crus longum)
hervortritt und sich mit dem proximalen Ende des zweiten
Visceralstreifens verbindet; sodann wächst ein anderer (Crus
breve) nach hinten und aufwärts. Von der dritten Abteilung
wird der Malleus in der Weise gebildet, dass sich ein Auswuchs
parallel mit dem Crus longum Incudis „bis in die Nähe des
zweiten knorpeligen Visceralstreifens" verlängert, wo er mit
der Spitze eine Krümmung nach unten ausführt. Dieser mit
dem Crus longum incudis parallele Teil des Auswuchses wird
zum Capitulum et Collum mallei, „die kleine beinahe in einem
rechten Winkel abgehende Spitze dagegen wird zum Manubrium." Der dem Malleus zunächst liegende Teil des Meckelschen Knorpels verknöchert und bildet den Proc. anterior (Folii).
— „Stapes entwickelt sich nicht aus dem Labyrinth, sondern
aus dem oberen, kolbigen Ende des zweiten, knorpeligen Visceralstreifens. Durch das aus der Schädelhöhle sich hervor-
drängende Ohrlabyrinth wird er seiner Verbindung mit der
Kopfwirbelsäule beraubt, legt sich an das Gehörorgan an und
wird durch das Hervorwachsen des letztern in einem Winkel
gegen die untere Abteilung des zweiten knorpeligen Visceralstreifens gebogen. Das kolbige Ende, nun durch eine lockere
Zwischensubstanz von dem unteren Stücke des Visceralstreifens
getrennt, wird von dem sich vergrössernden und verknorpelnden
Ohrlabyrinthe allmählich aufgenommen, wie in einer Grube
vergraben, und stellt so das Urrudiment des Steigbügels dar."
Dasselbe stellt eine solide Platte dar, die erst unmittelbar vor
der Verknöcherung durch Resorption im Centrum durchbohrt
wird. Ungefähr zu gleicher Zeit ist der Steigbügel allmählich,
wie es scheint, durch die Verknöcherung des Ohrlabyrinthes
aus seiner Höhle hervorgetrieben.

Das Entstehen des Annulus tympanicus beschreibt Reichert folgendermassen: „Um das spitzige Ende des in der Entwickelung begriffenen Manubrium bemerkt man, wenn es nur etwas weiter hervorgewachsen ist, die Bildungsmasse in einem kleinen Halbbogen angehäuft. Mit der wachsenden Spitze in seiner Mitte, vergrössert sich dieser Halbbogen nach hinten bis an die Pars mastoidea und nach vorn bis an den Processus Folianus. Wenn die Spitze zum Manubrium sich vollständig entwickelt hat und noch im Knorpelzustande vorhanden ist, so verwandelt sich die halbbogenförmige, mehr bandartige Bildungsmasse, ohne einen bemerkbaren Knorpel zu bilden in Knochensubstanz und stellt den Annulus tympanicus dar als einen sehr zarten Knochenreifen."

Parker (39) verfechtet anfangs (1874) eine früher von Huschke (27) und Huxley (28, 29 und 30) ausgesprochene Ansicht, dass der Incus dem proximalen Ende des zweiten Visceralbogens seinen Ursprung zu danken hätte; eine Meinung, die infolge des grossen Ansehens, das Parker genoss, bald die gesamte englische Litteratur durchdrungen hatte. Den Stapes leitete er damals von der Labyrinthkapsel her. — Einige Jahre später (1886) hatte er jedoch eine ganz andere Auffassung (40), „I am now satisfied," sagte er, „that the Incus is the upper element of the first or mandibular arch" (s. 10). Auch über den Ursprung des Stapes hat er jetzt eine andere Meinung: „The topmost segment of the pharyngohyal arch (in the early young and embryo of the Marsupials) is V-shaped, its greater front fork enlarging above and forming the inverted base of the columella or stapes, and the lesser hind fork becoming, after a time, detached and then ossified, and forming the interhyal" (s. 272).

Salenskys (47) Untersuchung ist auch eine von denen, die auf unsere Lehrbuchslitteratur eine nachhaltige Einwirkung ausgeübt hat. — Sein Untersuchungsmaterial bestand aus Schafsembryonen und Schweinsembryonen; die Untersuchungsmethode bestand hauptsächlich in Dissektion konservierter Embryonen; nur beim Studium der ersten Stapes-Entwickelung kam die Querschnittsmethode zur Anwendung. Die jüngsten der von Salensky beobachteten Schafsembryonen waren $1^1/_2$ cm lang und besassen „noch keine Spur von Knorpel in den Visceral-bogen, wie um das häutige Labyrinth. Bei solchen hat natür-lich", sagt Salensky, „die Bildung der Gehörknöchelchen noch gar nicht begonnen." — „Die erste Anlage des Meckel-schen Knorpels so wie der Gehörknöchelchen erscheint bei der Chondrifikation der Visceralbogen, und deswegen kann ich die von Kölliker hervorgehobene Möglichkeit einer Verbindung des Labyrinths mit dem Steigbügel zu der Zeit, da diese beiden Teile noch in Form von weicheren Anlagen existieren, vollkommen in Abrede stellen. Die Chondrifikation der Gehörkapsel geht ziemlich gleichzeitig mit der Bildung des Knorpels in den Visceralbogen vor sich und es giebt keine Entwickelungsperiode, in welcher diese Teile in Form von differenzierten, weichen Anlagen vorhanden wären".

Bei 2 cm langen Schafsembryonen „stellen die beiden Knorpel des ersten und zweiten Visceralbogens zwei cylinderische knorpe-lige Stäbe dar. Die ersten Spuren der Gliederung des ersten Visceralbogens trifft man bei den 2,4 cm langen Embryonen an." Das proximale Ende, das im rechten Winkel gegen den übrigen Teil gebogen und durch eine Einkerbung noch deut-licher davon abgegrenzt ist, bildet die primäre Anlage des Incus. Der zunächst liegende Teil des Bogens, der durch eine etwas weniger tiefe Einkerbung vom Meckelschen Knorpel abgegrenzt ist, ist der Malleus.

Bei 2,7 cm langen Embryonen ist die Furche zwischen den Malleus- und Incus-Anlagen bedeutend tiefer geworden; an letzterer tritt jetzt der Proc. brevis (Crus breve) hervor (ist auf der Abbildung sogar länger als das Crus longum).

Bei den 3 cm langen Embryonen sind die Gelenkflächen beider Gehörknöchelchen komplizierter geworden; das Crus longum Incudis ist bedeutend in die Länge gewachsen und ist mit der Stapesanlage in Verbindung getreten. Die Rinne, die den Malleus vom Meckelschen Knorpel abgrenzte, ist jetzt verschwunden. Der auf dem vorigen Stadium „buckelförmig nach unten hervorspringende Teil des Hammers" ist bedeutend verlängert worden und hat nach vorn und unten die Anlage des Manubrium gebildet.

„Bei den 4 cm langen Embryonen bestehen die weiteren Veränderungen des Hammers in dem Auswachsen des Manubriums, welches noch mehr sich nach vorn biegt und jetzt schon parallel dem Meckelschen Knorpel nach vorn wächst."

Bei einem $2^3/_4$ cm langen Schafsembryo „tritt die erste Anlage des Steigbügels, unabhängig von den anderen Gehörknöchelchen, in Form eines Zellhaufens an der Arteria mandibularis (einem Zweige der A. carotis interna) hervor." Der Stapes ist infolgedessen von Anfang an durchbohrt. „Die Art. mandibularis spielt nur eine provisorische Rolle und geht später gewöhnlich zu Grunde. Sie bleibt ausnahmsweise bei einigen Tieren im ausgebildeten Zustande bestehen." Sie ruft ausser „der Durchlöcherung des Stapes auch die rinnenförmige Aushöhlung des vorderen Stapesschenkels" hervor. Die erste, fast formlose Stapesanlage „bekommt später die Form einer trapezoiden Platte, welche sich danach in eine fünfeckige und endlich in eine glockenförmige verwandelt."

Hannover (19) präparierte bei menschlichen Embryonen die Gehörknöchelchen heraus und zwar von der Zeit ab, wo die Knochenanlagen zuerst dem blossen Auge merkbar werden.

1. Sein erstes Stadium, wo die Anlagen der Gehörknöchelchen wahrnehmbar waren, war ein Embryo von 27 mm. Sch.-St.-L. Der Malleus hatte kein Manubrium. Am Incus war das

Crus longum rudimentär; Crus breve ging rückwärts in den sehr dünnen Proc. styloideus über. Weder Stapes noch Fenestrae waren zu entdecken.

2. Embryo, 30 mm Sch.-St.-L., 2 Monate alt. Das verhältnismässig kleine Capitulum Mallei ging unmittelbar in den Proc. Meckelii über. Manubrium Mallei war zugegen, aber rudimentär. Proc. brevis kaum sichtbar. — Der Incus, an dem oben vielleicht eine Artikulationsfläche für den Malleus im Entstehen war, war vollständig ausgebildet und fast halb so gross wie beim Erwachsenen. — Der Stapes bildete einen kleinen, ungeformten Körper von hyalinem Knorpel und ruhte in einer Vertiefung an der medialen Wand der Paukenhöhle. — Der Annulus tympanicus bildete einen halben fibrösen Ring, dessen vorderes Ende vielleicht verknöchert war. Fenestra rotunda angelegt.

3. Embryo, etwas über 2 Monate alt. Malleus kaum 2 mm lang; Manubrium fehlend. Keine Fenestra deutlich unterscheidbar.

4. Embryo von 43 mm Sch.-St.-L.; ungefähr eben so alt wie der zuletzt erwähnte. Manubrium Mallei angelegt; Proc. longus in einer Länge von 1 mm verknöchert; Capitulum halbkugelig. Zwischen Malleus und Incus ist keine deutliche Trennung. Crus breve Incudis ging in eine Knorpelsäule über, die sich in den Proc. styloideus hinaus fortsetzte, davon jedoch leicht zu unterscheiden war. Proc. styloideus war danach medialwärts knieformig gebogen. Der Stapes bestand aus einer formlosen Masse am Ende des Crus longum Incudis und sass in einer seichten Vertiefung eingesenkt, die die Fenestra ovalis repräsentirte. Fenestra rotunda angelegt.

5. Embryo, 2½ Monat alt; 48 mm St.-Sch.-L. Malleus und Incus lagen fast horizontal, nach vorn und innen gerichtet, weshalb Hannover annimmt, dass sie an der während des Wachstums zunehmenden Drehung der ganzen Pars petrosa

Anteil nehmen. Keine Artikulationsfläche zwischen Malleus und Incus, nur eine äussere Andeutung einer solchen war sichtbar. Capitulum Mallei war sehr klein und lag unter dem Incus; Manubrium kaum angelegt. Stapes nicht zu entdecken.

Bei einem anderen Embryo desselben Alters war dagegen das Manubrium mallei recht gut entwickelt. Der Proc. longus war in einer Strecke von 1,25 mm verknöchert. Crus breve Incudis verband sich direkt mit dem hinteren Teil des Knorpels der Paukenhöhle: doch fand sich da eine feine, helle Querlinie, eine Andeutung der später entstehenden Trennung. Crus longum Inc. war klein und lief nach unten in einen kleinen formlosen Knorpel aus, der den Stapes repräsentirte und mit der medialen Wand der Paukenhöhle in ununterbrochener Verbindung stand. — Annulus tympanicus war verknöchert und zeigte die Dicke eines Zwirnfadens; am vorderen Ende fand sich eine plattenförmige Ausbreitung.

6. Embryo, 3 Monate alt.

Die Gehörknöchelchen waren ungefähr halb so gross wie bei dem Erwachsenen. Der Incus hatte seine normale Form. Am Malleus war das Manubrium rudimentär, die Gelenkfläche aber recht deutlich angelegt. Die (definitive?) Form des Stapes war auch recht deutlich; derselbe liess sich durch das Foramen ovale herausziehen. — Bei einem anderen gleich alten und gleich grossen Embryo war das Manubrium Mallei fast vollständig entwickelt.

7. Embryo, 3½ Monate alt.

Die Gehörknöchelchen hatten ihre definitive Form. Die Artikulationsfläche zwischen Malleus und Incus war deutlich entwickelt, sowie auch der Processus brevis Mallei; der Proc. longus dagegen bildete nur einen weissen, tendinösen Streifen ohne Verknöcherung.

8. Embryo, 4 Monate alt.

Im Corpus Mallei fand sich am Ausgangspunkte des Proc. longus ein kleines Verknöcherungscentrum. Der betreffende Fortsatz war in einer Länge von 3 mm verknöchert.

9. Embryo, 4½ Monate alt.

Das Capitulum Mallei mehr gewölbt und besser vom Proc. Meckelii abgegrenzt; letzterer etwas dünner geworden. Keine Verknöcherung im Malleus, nicht einmal im Proc. longus. Auch Incus, Stapes und Os lenticulare nur aus Knorpel gebildet. — Bei einem anderen gleich alten Embryo war dagegen der Proc. longus zu 3,5 mm verknöchert.

10. Embryo, 5 Monate alt.

Der Malleus hatte eine Länge von 6,75 mm und hatte einen Verknöcherungspunkt, der im Collum anfing und sich bis zu der Stelle erstreckte, wo der Proc. longus ausgeht. Der Proc. longus aber, der in einer Länge von 3,5 mm verknöchert war, war durch Knorpel von der verknöcherten Partie getrennt. Die Spitze der Proc. lateralis war weisslich (Verknöcherung?). Im Innern des Crus longum am sonst knorpeligen Incus fand sich eine Verknöcherung (von einer Knorpelschicht bedeckt). Die Gelenkhöhle zwischen Malleus und Incus war deutlich ausgebildet. Os lenticulare und Stapes waren knorpelig; ein Paar kleine, weisse Flecken am Insertionspunkte des M. stapedius deuteten dort eine beginnende Verknöcherung an. — Auch der im rechten Winkel gebogene Proc. styloideus war noch knorpelig — Bei einem anderen 5 Monate alten menschlichen Embryo waren auch Incus und Stapes fast ganz verknöchert.

11. Embryo, 5½ Monate alt.

Malleus — mit Ausnahme des Manubrium und des obersten Teiles des Capitulum — verknöchert, Incus bis auf die Partie an der Artikulationsfläche und das äusserste Ende des Crus breve verknöchert, Stapes durch und durch knorpelig. — Bei einem anderen gleich alten Embryo war die Basis sowie die zunächst liegende Hälfte der Crura stap. verknöchert. Die Crura waren dicker als beim Erwachsenen.

12. Embryo, 6½ Monate alt.

Alle Gehörknöchelchen bis auf Manubrium und Proc. brevis Mallei, die Spitze des Crus breve Incudis und Caput Stapedis verknöchert. Der Stapes hatte ganz die definitive Form, das vordere Crus war kürzer und gerader als das hintere. Proc. longus Mallei bis zu 2,8 mm verknöchert.

13. Embryo, 7 Monate alt.

Manubrium Mallei noch knorpelig. Proc. Meckelii von der Dicke eines mässigen Zwirnfadens. Incus im ganzen verknöchert; so auch der Stapes mit Ausnahme der Anheftungs-fläche am Os lenticulare; letzteres auch knorpelig.

14. Embryo, 7½ Monate alt.

Mit Ausnahme der äussersten Spitze des Manubrium Mallei und des Os lenticulare waren alle Gehörknöchelchen ganz verknöchert. Der Proc. longus Mallei hatte eine Länge von 4 mm.

15. Embryo, 8 Monate alt.

Verknöcherung ungefähr wie im letztbesprochenen Stadium.

Hannover scheint am meisten geneigt anzunehmen, dass alle drei Gehörknöchelchen aus der Labyrinthkapselwand ent-stehen (L. c. s. 495). — Köllikers (33) Bemerkung, dass sie „in erster Linie vom Perioste aus ossifizieren" scheint Hannover für diese Knöchelchen nicht mehr als für jeden aus Primordialknorpel entwickelten Knochen zu gelten. — Eine vollständige Verbin-dung des Proc. longus Mallei mit dem Malleus selber tritt, seiner Meinung nach, nicht vor der Geburt ein. — Abgesehen vom Proc. longus Mallei, der zuerst und selbständig verknöchert, nimmt er für jedes der Gehörknöchelchen nur einen Ver-knöcherungspunkt an.

Fraser (13) untersuchte Ratten-Embryonen (8 mm — fast reif), Schwein- (1—2,6 cm), Hunde- (1—2,5 cm), Schaf- (1—4 cm), Kaninchen- (1—1,5 cm) und menschliche Embryonen

(1 cm und 4 cm). Über die vorherige Litteratur giebt er eine ausführliche Übersicht. Selbst ein Schüler P a r k e r s, kam F r a s e r den Ursprung der Gehörknöchelchen betreffend zu derselben Auffassung, die jener damals aufrecht hielt (siehe Tabelle!). — Er zeigt, dass S a l e n s k y (46 und 47) den Fehler begangen, die V. jugularis prim. als Art. carotis int. zu beschreiben und abzubilden.

G r a d e n i g o (15) veröffentlichte 1887 über „die embryonale Anlage des Mittelohrs" und „die morphologische Bedeutung der Gehörknöchelchen" eine bedeutende Abhandlung, welche gleichwie die Arbeiten R e i c h e r t s, P a r k e r s und S a l e n s k y s grossen Einfluss geübt und die ich deshalb etwas eingehender referieren will.

Das Material G r a d e n i g o s bestand hauptsächlich aus Katzenembryonen. Zur Kontrolle wurden auch Kaninchen-, Hund-, Schweine- und m e n s c h l i c h e E m b r y o n e n (von 4 bis 17 cm Sch.-St.-L.) untersucht.

Seine Arbeitsmethode war „die Methode der Serienschnitte."

Er unterscheidet in der Entwickelung der Skelettelemente 4 Stadien:

I. Stadium: (Katzenembryo 12 und 13 mm, Schafsembryonen 13 mm entsprechend): „Knorpelgewebe findet sich noch nicht vor; die künftigen Skeletteile sind nur durch Zellenanhäufungen und Zellenstränge dargestellt. Von den Skelettelementen der zwei ersten Kiemenbogen ist nur ein Abschnitt des ersten (mandibularen) Bogens, seinem proximalen Ende entsprechend, angedeutet. Die vorknorpelige Anlage der periotischen Kapsel ist besonders gut an der lateralen unteren Wand der Gehörblase angedeutet."

II. Stadium (Katzenembryo 15 mm Sch.-St.-L. Schafsembryonen von 2—2,20 cm entsprechend): „Echtes Knorpelgewebe ist noch nicht vorhanden; die künftigen Skelettelemente sind, wie im vorher beschriebenen Stadium, nur durch nicht deutlich begrenzte Zellenanhäufungen und Zellenstränge dargestellt. Der Mandibularbogen erscheint in Form eines Zellenstranges, welcher proximal frei endet mit einer unbegrenzten Anschwellung an der Seite des Schädels, dem vorderen Teile der Labyrinthblase entsprechend. Er tritt weder zu dem proximalen Ende des zweiten Kiemenbogens noch zu der periotischen Kapsel in Beziehung. — Der Hyoidbogen erscheint in Form eines Zellenstranges, welcher ungefähr dieselbe Dicke als der Mandibularbogen aufweist; sein proximaler Abschnitt wendet sich zuerst ein wenig nach aussen, dann biegt er sich nach oben, vorne und innen. Das proximale Ende umgiebt ein arterielles Gefäss (Arteria stapedialis) und bildet auf diese Weise einen vollständigen, aus dicht aneinanderliegenden Zellen bestehenden Ring (Annulus stapedialis) und tritt zuletzt zu der Anlage der periotischen Kapsel in Beziehung. — Die Arteria stapedialis stammt mittelst eines mit der Arteria hyoidea, welche in den zweiten Kiemenbogen nach unten verläuft, gemeinsamen Astes von der Carotis ab. — Die vorknorpelige periotische Kapsel weist die grösste Dicke entsprechend der lateralen Wand der Gehörblase auf. — Keine Spur von Labyrinthfenstern ist zu bemerken. — Die Chorda tympani löst sich fast rechtwinkelig vom Facialisstamm ab, und verläuft nach vorne und oben", um an den medialen Teil des dritten Trigeminuszweiges heranzutreten.

III. Stadium (Katzenembryo 2 cm und Schweinsembryonen 3—3,5 cm Sch.-St.-L.): „In diesem Stadium findet man die verschiedensten Entwickelungsstufen des Knorpelgewebes vertreten, von den Zellenanhäufungen angefangen, welche in den vorhergehenden Stadien ausschliesslich vorhanden waren, bis zu dem ausgebildeten Knorpelgewebe."

[Gradenigo unterscheidet drei verschiedene Entwickelungsphasen des Knorpelgewebes:

1. Vorknorpel. „Gewebe vollkommen identisch den Zellenanhäufungen, welche die Skelettelemente bei den Embryonen der früheren zwei Stadien darstellt. Zellen klein, Kern relativ gross oder körniger Inhalt, geringe Menge von Protoplasma; Intercellularsubstanz gering oder auch nicht wahrnehmbar. Die Zellen sind dicht aneinandergedrängt. Die Zellsubstanz sticht durch intensivere Färbung von dem umgebenden Gewebe deutlich ab."

2. Unreifer Knorpel. „Zellen grösser, Protoplasma reichlicher; Intercellularsubstanz im geringen Masse schon auf getreten, sie färbt sich noch mit Hämatoxylin, jedoch weniger als die Zellkerne."

3. Reifer Knorpel. „Zellen gross und mit deutlich ausgesprochener Kapsel; Intercellularsubstanz reichlich vorhanden, von hyaliner Beschaffenheit und sich mit Hämatoxylin kaum färbend."]

Der hintere, obere Teil (Pars canalium semicircularium) der periotischen Kapsel besteht aus reifem Knorpel; der vordere, untere (Pars cochlearis) aus unreifem. Die Stelle, die der Gegend des künftigen ovalen Fensters entspricht, befindet sich auf einem Zwischenstadium zwischen der vorknorpeligen Skelettanlage und dem unreifen Knorpel. „Bei diesem Stadium der Entwickelung ist keine Spur des runden Fensters zu sehen." Bei etwas weiter vorgeschrittenen Katzenembryonen und bei Schweinsembryonen von 3—3,5 cm sieht man jedoch ein grosses rundes Fenster, das doch noch von keiner Membran geschlossen ist. — Bei diesen bildet die vom Annulus stapedialis eingebogene Kapselwand eine Lamelle (Lamina stapedialis), die sich durch die geringe Färbbarkeit ihres äusseren, an den Annulus stossenden Zellenlagers leicht von übrigen Teilen der periotischen Kapsel abgrenzen lässt.

Malleus und Incus sind vom proximalen Ende des Mandibularbogens gebildet und fangen schon an „die morphologischen Charaktere des erwachsenen Individuums" zu zeigen. „Hammer-

und Ambos-Körper sind knorpelig; der obere (soll wohl heissen:
untere) Abschnitt des Hammergriffes und des langen Ambosschenkels und der grösste Teil des Processus brevis des Ambosses
sind nur durch die vorknorpelige Anlage, d. i. einfache Zellenanhäufungen dargestellt." — Der Hyoidbogen ist nun nur halb
so dick wie der Mandibularbogen. Er besteht zum grössten
Teil aus unreifem Knorpel. „Der unmittelbar unterhalb des
Annulus stapedialis gelegene Teil hat die histologischen Charaktere
der vorknorpeligen Anlage beibehalten"; die diesen Teil zusammensetzenden Zellen färben sich mit Hämatoxylin weniger
stark und sind „weniger dicht aneinander gedrängt." Der
lange, abwärts gewachsene Ambosschenkel ist mit dem An-
Inulus stapedialis in Verbindung getreten. „Die Arteria stapedialis ist viel dünner geworden, und kann nur eine kurze
Strecke über den Ring verfolgt werden. Sie stammt jetzt direkt
von der Carotis ab."

IV. Stadium. (Menschliche Embryonen 4 und 4½ cm
Sch. St. L.). — „Das Gewebe der Kiemenbogen und der periotischen Kapsel bietet fast überall das Aussehen des reifen
Knorpels: die Verknöcherung dieser Elemente ist noch nicht
aufgetreten, ausgenommen am distalen Ende des Mandibularbogens. Die meisten Deckknochen sind schon aufgetreten. —
Der Hammer bietet schon die Form des Hammers eines erwachsenen Menschen dar; bei selbem sind bereits die Andeutungen
des kurzen und des muskulären Fortsatzes zu erkennen. Der
verhältnismässig dicke Griff erscheint konkav gegen vorne;
durch die schiefe Lage des gesamten Knöchelchen tritt das
stumpfe Griffende mit der gegenüberliegenden Wand der periotischen Kapsel in Berührung. Der Processus Folianus Mallei
tritt in Form eines schmalen, an der unteren medialen Fläche
des Meckelschen Knorpels anliegenden Leistchens auf. — Der
Hammer erscheint mit dem Ambos knorpelig partiell vereinigt,
der betreffenden Gelenkfläche entsprechend. — Der Ambos

2*

bietet auch annäherungsweise die Form, welche beim Erwachsenen anzutreffen ist. Das Ende des langen Ambosschenkels
tritt zu dem distalen Rande des Annulus stapedialis in Beziehung, indem es sich in seinem untersten Stücke stark nach innen
biegt. — Es ist keine Spur eines getrennten knorpeligen Os
lenticulare s. Sylvianum zu sehen. Der kurze Ambosschenkel
wird in einer fast quer gerichteten Furche der vorderen Fläche
des hinteren periotischen Fortsatzes aufgenommen, und mittelst
faserigen Bindegewebes fixiert. — Der Reichertsche Knorpel
hat jede Beziehung zum Annulus stapedialis verloren; er tritt
in faserige Verbindung mit einem absteigenden Fortsatze der
periotischen Kapsel und verschmilzt mit diesem in einem
späteren Entwickelungsstadium. Die Lamina stapedialis wird
rund herum von der übrigen, vestibularen Wand durch das
Hineindringen von faserigem Bindegewebe differenziert. Der
mediale Rand des Annulus stap. dringt allmählich in die Lamina
hinein; das Gewebe der Lamina verschmilzt teilweise mit dem
Gewebe des Annulus, und erfährt teilweise einen Involutions-
vorgang. — Das runde Fenster ist schon mit der Anlage der
Membrana tympani secundaria zu sehen. — Der Musculus
tensor tympani und der Musculus stapedius sind deutlich differenziert. — Der Annulus tympanicus stellt den grösseren Teil
eines knöchernen Ringes dar. Der Abschnitt, welcher direkt
unterhalb des letzten Teiles des Meckelschen Knorpels liegt,
ist der breiteste; er besitzt die Form einer dünnen, gegen oben
konvexen Lamelle, und fast die Breite der unteren konvexen
Fläche des Meckelschen Stabes. Diese Lamelle hört frei nach
hinten auf, bevor der Meckelsche Knorpel in den Hammerkörper übergeht. Nach vorne und unten setzt sich die Lamelle
in einer dünnen, knöchernen, fast cylinderischen Spange fort,
welche sich nach hinten krümmt, um an die mediale, obere
Seite des Reichertschen Knorpels zu gelangen. An der Stelle,
wo dieser Knorpel direkt nach oben umbiegt, bleibt der hintere

Rand des tympanalen Ringes medialwärts und vorne von ihm, um frei in der Höhe ungefähr des stumpfen Endes des erwähnten Reichertschen Knorpels zu enden."

Bei späteren Stadien (menschlichen Embryonen von 5—10 cm fand Gradenigo keine wichtigeren Veränderungen des Malleus und Incus. — Die sich auf die Stapesanlage beziehenden Veränderungen beschreibt er folgendermassen: „Entsprechend der Peripherie der Lamina stapedialis zertrümmern und vernichten die hineindringenden Bindegewebsfaserzüge die einzelnen Knorpelzellen. An dem centralen Teile der Lamina hingegen erscheinen die Zellen verdrängt und in einem Zustande von beginnender Atrophie. Die Lamina sieht sehr verschmälert aus. — Obschon in dieser Entwickelungsphase die Grenzschichte nicht mehr zu sehen ist, bleibt die Lamina stapedialis doch scharf von dem Annulus getrennt; die kleinen und gut gefärbten Zellen des letzteren scheinen eine rege karyokinetische Thätigkeit zu besitzen. — In weiteren Stadien ist es nicht möglich an der Basis der schon ziemlich gut ausgebildeten Stapes die Lamina deutlich zu erkennen." — Das Ligamentum annulare bildet sich sowohl 1. „durch Hineinwanderung der Bindegewebsfasern hauptsächlich von der tympanalen Seite her, der Peripherie der Lamina entsprechend", als 2. „durch direkte Umwandlung der zunächst liegenden Knorpelzellen in faseriges Gewebe."

Gradenigo behandelt auch ausführlich das Entstehen des tubotympanalen Raumes und die morphologische Bedeutung der Gehörknöchelchen. Da jedoch diese Fragen nicht innerhalb des Gebietes meiner Untersuchung fallen, übergehe ich dieses Kapitel.

v. Noorden (38) untersuchte drei der Hisschen Sammlung angehörige menschliche Embryonen, Lhs., Zw. und Lo. Bei dem Embryo Lhs (17 mm NL.; ungefähr 50 Tage alt) fand er die Arteria mandibularis (stapedialis) „ein kleines rundliches Knorpelhäufchen, das weder zum Meckelschen Knorpel, noch

zum Labyrinthknorpel in Beziehung stand", durchbohrend. Von
dieser Knorpelpartie meint er, dass sich nur die Crura stap.
(teilweise oder ganz) entwickeln. Ausserdem besitzt nämlich
der Stapes eine „intramurane" Anlage, die sich einige Tage
später zu entwickeln anfängt. — Bei Embryo Zw. (18,5 mm
NL., ca. 7½ Wochen alt) begrenzt sich diese innerhalb der
vorderen Labyrinthwand als eine kleine, ovale Knorpelmasse,
die stärker gefärbt ist als die übrige Labyrinthwand, mit dieser
aber direkt (d. h. ohne Bindegewebebegrenzung) verbunden ist.
Von dieser Knorpelscheibe aus strecken sich kaudal zwei durch
die Arteria stap. getrennte „Säulchen". Die Knorpelscheibe
mit diesen Säulchen betrachtet er als die von der Labyrinthkapsel stammende Partie der Stapesanlage. — Embryo Lo
(23 mm NL., ca. 8½ Wochen alt) scheint sich wie Zw. verhalten zu haben; hierüber finden sich jedoch keine besonderen
Angaben. — „Die ganze Bildung des Stapes bis zur Erreichung
seiner typischen Gestalt geht in der siebenten bis achten Woche
vor sich."

Rabl (42) hebt hervor, dass man sich „um sich von der
Entwickelung des Steigbügels aus dem Hyoidbogen zu überzeugen", an solche Embryonen halten muss, „bei denen der
Reichertsche Knorpel noch nicht knorpelig ist, sondern durch
ein Chondroblastem repräsentiert wird. Ist einmal Knorpel
gebildet, so ist es nicht mehr möglich, sich ein bestimmtes
Urteil zu verschaffen, und zwar deshalb nicht, weil nun auch schon
eine Verbindung des Steigbügelknorpels mit dem Ambosknorpel
eingetreten ist. — Um die Arteria stapedia krümmt sich das
Chondroblastem des Reichertschen Knorpels herum, und
zwar in der Weise, dass es später die Arterie mit zwei Schenkeln,
eben den beiden Schenkeln des Steigbügels, umfasst." — Der
Musculus stapedius tritt bei Schaf- von 17 mm und Schweinsembryonen von 15,8 mm Nackensteisslänge auf. Er scheint
gemeinsamen Ursprung mit dem M. stylohyoideus zu haben und

wird wie dieser vom N. facialis, dem Nerv des Hyoidbogens, innerviert. Der M. tensor tympani gehört genetisch zur selben Gruppe wie der M. tensor veli palatini und wird wie dieser vom N. trigeminus, dem Nerv des Mandibularbogens innerviert.

Da Rabl die Beobachtung gemacht, dass die Nerven der Visceralbogen im übrigen „mit peinlicher Gewissenhaftigkeit" jeder die Produkte seines Bogens versorgen, so sieht er in dem erwähnten Innervationsverhältnis des M. stapedius einen starken Beweis für die Bildung des Stapes aus dem Hyoidbogen.

Staderini (57) studierte die ersten Entwickelungsstadien des Annulus stapedialis bei Schweinsembryonen (15—21 mm).

Stadium I. (Embryo 15 mm). Keine Spur von Knorpelgewebe. Der Hyoidbogen endigt oben mit einer kleinen, rundlichen Auftreibung, die sich mit dem Auswuchs der periotischen Kapsel hinter der Facialisaushöhlung vereint. Der Annulus stapedialis fängt als ein Zellenring um die Arteria stapedialis an, ohne Verbindung mit den angrenzenden Teilen; übrigens undeutlich abgegrenzt, wird er von der periotischen Kapsel durch einen hellen Bindegewebsstreifen getrennt. Der mandibulare Bogen ist nicht mit der periotischen Kapsel verbunden.

Stadium II. (Embryo 16 mm). Der Annulus stapedialis hat an seiner äusseren Seite eine kleine Zellenanhäufung, die mit dem unteren, inneren Teil des proximalen Endes des Mandibularbogens in direkter Verbindung steht. Der oben erwähnte, helle Bindegewebsstreifen zwischen dem Annulus und der periotischen Kapsel ist jetzt verschwunden; die Grenze jedoch infolge der verschieden starken Färbung noch immer deutlich.

Stadium III. (Embryo 17,5 und 18,5 mm). Noch ist kein Knorpelgewebe gebildet. Die Verbindung des Hyoidbogens mit der periotischen Kapsel ist schmäler geworden und hat sich medialwärts gebogen. Durch einen (offenbar nach dem vorigen

Stadium entstandenen) Zellenstrang ist der Hyoidbogen mit dem Mandibularbogen sowie auch mit dem Annulus stapedialis in Verbindung getreten.

Stadium IV. (Embryo 21 mm). Embryonaler Knorpel hat angefangen in der Basis cranii und in der Mittelpartie des Mandibularbogens aufzutreten. Sonstige Verhältnisse wie im vorigen Stadium.

Der Annulus stapedialis entsteht also selbständig ohne primären Zusammenhang weder mit den Visceralknorpelanlagen noch mit der periotischen Kapsel.

Dreyfuss (10) publizierte 1893 die Resultate einer genauen Untersuchung, die für uns ein besonderes Interesse besitzt, da sein Material zum grossen Teil aus menschlichen Embryonen bestand (Embryonen vom Beginn des dritten bis zum Ende des sechsten Monats). Die Lücken ergänzte er mit Kaninchen- und Meerschweinchen-Embryonen.

Er unterscheidet vier histologische Entwickelungsstadien:

1. Blastem (Bildungsmasse, Formating tissue). Ist durch regelmässig geformte, runde oder ovale Kerne und durch weniger dichte Gruppierung und Tingierung der Zellen vom Stadium 2 verschieden.

2. Chondroblastem oder Vorknorpel. (Entspricht Gradenigos und Rabls erstem Stadium.) Lässt sich vom Blastem durch eine dichtere Gruppierung und Tingierung der Zellen unterscheiden; ausserdem durch das häufige Vorkommen von unregelmässig geformten Kernen, die ihre runde oder ovale Form zuweilen gegen eine spindelförmige vertauschen. Intercellulargewebe findet sich absolut nicht. — Aus diesem Entwickelungsstadium bilden sich gewöhnlich nur Knorpel und Perichondrium (nur ausnahmsweise Bindegewebe „infolge von Resorptions- oder Involutionsvorgängen").

3. Jungknorpel. Anfangendes Auftreten von Intercellularsubstanz.

4. Reifer Knorpel.

Dreyfuss' frühestes Stadium war ein Meerschweinchen-Embryo von 22 Tagen. — Ich referiere in Kürze seine wichtigsten Beobachtungen an diesem:

„Von dem ersten Kiemenbogen ist das proximale Ende noch nicht in das vorknorpelige Stadium eingetreten; es stellt vielmehr eine breite Blastemmasse dar, die sich vor dem Facialis in der Höhe seines Knies nach der Labyrinthanlage zu wendet und dort an ein Blastemgewebe anstösst, das die Anlage des Annulus stapedialis darstellt. — In ähnlicher Weise verhält sich das Blastem des zweiten Kiemenbogens. Auch diese legt sich an den Annulus stapedialis an und begrenzt denselben von unten. — Die blastematöse Anlage des Annulus stapedialis stellt sich dar als eine um ein dünnes Gefäss gruppierte Zellanhäufung. Diese centrierte Schichtung der Zellen um das Gefäss (Arteria stapedialis, Arteria mandibularis Salensky) berechtigt uns, die Zellanhäufung von den proximalen Enden der beiden Kiemenbogenblasteme abzugrenzen; beide liegen jedoch dem Annulus dicht an. Nach aussen von ihm verläuft der Facialis, nach innen liegt indifferentes Gewebe, das die laterale Peripherie des Blastems der Labyrinth-kapsel umbiegt. Der Annulus stapedialis ist also ursprünglich durch indifferentes Gewebe von der Labyrinthkapsel getrennt und hat nichts mit ihr zu thun."

Bei einem Kaninchenembryo von 15 Tagen (ein etwas vor-geschritteneres Stadium als das 22 tägige Meerschweinchen-Embryo) hat sich das Blastem des ersten Kiemenbogens am proximalen Ende aufgehellt und ist zu indifferentem Gewebe geworden, sodass jetzt der Annulus stapedialis in einer gewissen Entfernung vom proximalen Ende des ersten Kiemenbogens sich befindet. — Der zweite Kiemenbogen bietet genau dasselbe Stadium wie beim vorhergehenden Embryo. Es liegt also sein proximales Blastem dem Annulus stapedialis dicht an.

Bei einem Kaninchenembryo von 16 Tagen „besteht die periotische Kapsel aus vorknorpeligem Gewebe; aus demselben Gewebe sind auch diejenigen Stellen der Kapsel zusammengesetzt, an denen sich später die beiden Fenster ausbilden. — Hammer und Ambos sind bereits getrennt. — Der Hammerkopf stellt das etwas kolbig angeschwollene Ende des Meckelschen Knorpels dar. Von seinen späteren Fortsätzen ist das Manubrium als Blastem angelegt, das von dem Hammerkopf aus nach innen und etwas nach vorn in fast horizontaler Richtung auswächst. — Der Kopf des Hammers besteht aus jungknorpeligem Gewebe, das allmählich nach unten in der Gegend des Hammerhalses in Vorknorpel und im Manubrium in Blastem übergeht. Der Ambos ist vorknorpeliger Struktur. Sein Körper umgiebt auf beiden Seiten das proximale Ende des Hammers. Der kurze Ambosschenkel ist noch recht jugendlicher Struktur und verliert sich allmählich in die Kapsel der Bogengänge. Der lange Fortsatz des Ambos ist blastematös und von unbestimmter Kontur. Er geht parallel dem Manubrium mallei im indifferenten Gewebe der Paukenhöhle nach dem Annulus stapedialis zu. Der lange Fortsatz des Ambosses, ebenso wie der Hammergriff haben sich also innerhalb der letzten 24 Stunden gebildet. Der Annulus stapedialis hat sich nunmehr an die Vorhofswand angelegt. in Form eines von der Arteria stapedialis durchbohrten vorknorpeligen Ringes. — Vom Annulus stapedialis ist das proximale Ende des zweiten Kiemenbogens, soweit es durch seinen runden Querschnitt als wohlbegrenzten Vorknorpel sich zeigt, weit entfernt, aber auch selbst die obere Fortsetzung des proximalen Endes", die als ein „auf dem Querschnitte sichelförmiges-Blastem" den vorderen, äusseren Teil des N. facialis bekleidet, „ist sowohl vom Annulus stapedialis als vom unteren Ende des langen Ambosschenkels in genügender Entfernung; indifferentes Gewebe der Paukenhöhle liegt dazwischen."

Kaninchen-Embryo von 17 Tagen.

„Der Meckelsche Knorpel, der in einem leicht nach oben
konvexen Bogen in den Hammerkopf übergeht, zeigt jungknorpelige Struktur, desgleichen der Hammerkopf und -Hals.
Das Manubrium hat Vorknorpel. Der kurze Hammerfortsatz
ist noch nicht formiert; an seiner Stelle liegt eine Zellmasse, die
durch den Zusammenfluss der Zellreihen der Membrana propria
des Trommelfelles gebildet wird. — Vom Processus longus sive
Folianus ist noch nichts zu sehen. — Der Ambos hat nunmehr
seine Schenkel vollständig, quoad formationem, entwickelt. Der
Körper ebenso wie der Hauptteil der Fortsätze besteht aus
Jungknorpel. — Der Annulus stapedialis stellt einen median
abgeplatteten, jungknorpeligen Ring dar, die Arteria stapedialis
ist verschwunden. Der Ring senkt sich bereits tief in die
Labyrinthwand hinein. Der Vorknorpel des ovalen Fensters ist
von dem andrängenden Annulus stapedialis komprimiert und
stellt so nunmehr ein verdicktes Perichondrium der Vorhofs-
kapsel dar. Der Vorknorpel der Labyrinthwand rings um den
Stapes ist in seinem Zustand erhalten geblieben (ebenso wie die
Stelle des runden Fensters), während die übrige Labyrinthwand
jungknorpeliger Struktur geworden ist. — Hammer und Ambos
werden von einander durch eine Zwischenscheibe getrennt.
Zwischen dem langen Ambosschenkel und dem Annulus stapedialis
findet sich keine Zwischenscheibe, ein Umstand, der darin seine
Erklärung findet, dass Ambos und Steigbügel ursprünglich von
einander getrennt sind und dass ihre Verbindung oder Berührung
erst durch das Hervorwachsen des langen Ambosschenkels hergestellt wird. — Der gesamte Reichertsche Knorpel hat jungknorpelige Struktur. Zwischen dem proximalen Ende des Bogens
und der Labyrinthwand, an der äusseren Seite des Facialis hat
sich unterdes eine Zellanhäufung (die Dreyfuss „Schaltstück
oder Interealare" nennt) verdichtet, die ihren Ursprung entweder am Primordialkranium oder im indifferenten Gewebe

der Paukenhöhle nimmt, doch aber wohl auch Reste des proximalen Blastems des zweiten Kiemenbogens enthält." — Musculus tensor tympani und Musculus stapedius sind angelegt. — Die Chorda tympani verläuft unterhalb der Zwischenscheibe zwischen langem Ambosschenkel und dem Hammerhals. — Der Annulus tympanicus ist in seinem unteren und vorderen Teil bindegewebig angelegt.

Kaninchenembryo von 20 Tagen.

„Das Knorpelbild der Labyrinthkapsel ist nunmehr überall als reifer Knorpel zu bezeichnen. Der Hammer selbst besteht ebenso wie der Meckelsche Fortsatz aus reifem Knorpel. Der Hammerkopf hat bedeutend an Volumen zugenommen, ebenso der langgestreckte Hammerhals. Der Processus brevis mallei ist nun jungknorpelig formiert. — Während der Hammerkörper eine vertikale Stellung hat, verläuft der Handgriff in einer nahezu horizontalen, nach vorn und innen gerichteten Linie. Der Handgriff hat eine jüngere Knorpelstruktur als der Kopf und Hals. — Der Ambos besteht aus demselben Knorpelgewebe wie der Hammer. Sein langer Schenkel trägt an seinem Ende ein bedeutend unentwickelteres Knorpelgebilde, das Linsenbein. Der kurze Fortsatz, nunmehr vollständig knorpelig, senkt sich tief ein in eine Nische der Labyrinthwand dicht am äusseren Bogengang; er wird mit dem Knorpel der Labyrinthkapsel durch ein straffes, kronenförmig von allen Seiten sich an ihm befestigendes Band verbunden. — Hammer und Ambos bilden eine, wenn auch noch einfach gestaltete Gelenkfacette. Die Zwischenscheibe ist fast ganz geschwunden. Die beim 17tägigen Kaninchen 4—5—6 fache Zellage derselben ist auf eine einfache Zellreihe geschrumpft. Am Steigbügel imponiert die massige Basis, welche aus der allmählichen Abplattung der medialen Ringfläche entstanden ist. Die Schenkel sind ziemlich schlanke, aber auch kurze Gebilde. Der gesamte Steigbügel ist knorpelig. Das vorknorpelige Gewebe, das beim 17-tägigen Embryo noch an der

Stelle des ovalen Fensters als vestibulärer Überzug des Steig-
bügelrings zu sehen war, ist ebenfalls geschwunden bezw. auf
eine dünne bindegewebige (perichondrale) Lamelle reduziert, die
wir am besten als Fortsetzung des inneren Vorhofsperichon-
driums auffassen. Rings um die Steigbügelbasis ist noch ein
grosser Bezirk der Labyrinthwand bindegewebig geworden, also
aus dem Vorknorpel in Bindegewebe übergegangen, das Ligamentum annulare baseos stapedis. — Der Reichertsche Knorpel
ist mit der knorpeligen Bogengangskapsel kontinuierlich verbunden. Das oben beschriebene Schaltstück oder Intercalare
ist nämlich mit beiden Teilen verschmolzen und knorpelig
geworden." — Die Grenze zwischen dem Schaltstück und dem
Reichertschen Knorpel wird durch den scharfen (ungefähr
rechten) Winkel markiert, der dadurch gebildet wird, dass
letzterer, von der medialen Seite kommend, mit dem ersteren
sagittal verlaufenden zusammenstösst. — „Vom Annulus tympanicus ist der ganze untere und vordere aufsteigende Ast in
Form einer Leiste formiert. Das Innere dieser Leiste enthält
eine Zellgruppierung, die auf die beginnende Verknöcherung
hindeutet. Der obere Teil des Annulus tympanicus ist von der
bindegewebigen Anlage des Schläfenbeins nicht zu trennen."

Dreyfuss' frühzeitigster, menschlicher Embryo hatte
eine Länge (Sch. St. L.) von 43 mm. Von seiner Beschreibung
desselben interessiert uns besonders folgendes: „Der Hammerkopf, welcher kontinuierlich in den Meckelschen Knorpel
übergeht, überragt an Höhe den ihm anliegenden Kopf des
Ambosses. Unter dem Meckelschen Knorpel liegt ein dünnes
Knochenstäbchen, der Processus Folianus s. longus Mallei; dasselbe steht mit dem bindegewebigen Annulus tympanicus in
Zusammenhang. Der Ambos, welcher ebenso wie der Hammer
aus jungem Knorpel besteht, trägt am unteren Ende seines
langen Schenkels den Linsenfortsatz, der sich an den Annulus
stapedialis anlegt. — Hammer und Ambos werden durch ein

einfaches Gelenk von einander getrennt. — Der Annulus stapedialis buchtet sich mit seiner vestibularen Fläche in das ovale
Fenster ein. Dieses wird ausgefüllt von einem Gewebe, das ich
als vorknorpelig bezeichnen muss und das kontinuierlich und
allmählich in den Knorpel der übrigen Vestibularwand übergeht. Eine Arteria stapedialis ist nicht vorhanden. — Der
Reichertsche Knorpel ist an seinem proximalen Ende mit der
anstossenden Bogengangkapsel durch Bindegewebe verbunden,
es besteht also kein kontinuierlicher Übergang. In der Fenestra
rotunda liegt ein ähnliches Gewebe wie in der Fenestra ovalis,
doch ist seine bindegewebige Struktur durch Einlagerung zahl-
reicher Spindelzellen deutlicher. — Musculus tensor tympani
und Musculus stapedius sind entwickelt."

Menschlicher Embryo von 53 mm Sch.-St.-L.

„Nur die untere und vordere Leiste des Annulus tympanicus ist in diesem Stadium ossifiziert. Ebenso ist der Processus Folianus knöchern und mit dem Knorpel des Hammerhalses durch Bindegewebe verbunden. Sowohl das Knorpelgewebe des Annulus stapedialis als die primäre Platte im ovalen
Fenster sind in ihrer Struktur reifer geworden. Diese Platte
ist jetzt ein jugendliches Knorpelgebilde mit dichtstehenden
runden Zellen, aber bereits hinreichend vieler Intercellularsubstanz, um als Knorpel angesehen werden zu können. Zwischen
dem Annulus stapedialis und dieser primären Platte findet keine
Spur von Verschmelzung statt. Dagegen hat bereits die Differenzierung der ovalen Knorpelplatte vom Labyrinthknorpel
begonnen und zwar geschieht dies durch Hereinwuchern von
Fasergewebe von der Paukenhöhlenfläche der Vorhofswand.
Dieses Fasergewebe ist der Vorgänger des Ligamentum annulare baseos stapedis. — Der Reichertsche Knorpel ist mit
seinem proximalen Ende mit dem Processus perioticus posterior
(Gradenigo) vollständig verschmolzen und die Verschmelzungs-
stelle nirgends mehr sichtbar."

Menschlicher Embryo von ca. 75—80 mm Sch.-St.-L.

„Die jungknorpelige Platte des ovalen Fensters, wie wir sie noch im vorigen Stadium sahen, ist auf eine schmale, bindegewebige Lamelle reduziert. Das Knorpelgewebe an der vestibularen Seite des Annulus stapedialis ist noch in jugendlichem Zustande und trägt einen perichondralen Überzug."

„Die nächstfolgenden Embryonen von 91 und 100 mm Sch.-St.-L. bieten ungefähr gleichmässige Entwickelungszustände: Annulus tympanicus: Weitere Ausbildung der Verknöcherung. — Hammer: Schlankere Formation des Kopfes und Halses; stärkere Prominenz des kurzen Fortsatzes. Stehenbleiben der Entwickelung im Meckel schen Knorpel. — Ambos: Ebenfalls schlankere Formation des Kopfes und damit feinere Ausbildung des Hammer-Ambosgelenkes. Stärkere winkelige Abknickung des Linsenfortsatzes zur Achse des langen Schenkels. — Steigbügel und ovales Fenster: Die bindegewebige Lamelle im ovalen Fenster weiter verdünnt und als direkte Fortsetzung des Perichondriums der inneren Vorhoffläche erscheinend. Das Ligamentum annulare ausgebildet. Das Gewebe der Steigbügelschenkel ist reifer Knorpel, die Basis dagegen noch in jüngerem Zustande."

Bei den übrigen Menschen-Embryonen (vom 4, 5 und 6 Monat) war hauptsächlich das Fortschreiten der Ossifikation Gegenstand der Untersuchung Dreyfuss'.

Foetus vom Anfang des vierten Monats: „Beginn der Ossifikation am Hammer und Ambos von dem Perichondrium an der medialen Seite ausgehend." Der Ossifikationspunkt des Hammers liegt an der Stelle, „wo sich der Processus Folianus an den Hammer ansetzt"; der des Ambosses „an der Stelle, wo der lange Schenkel nach unten abgeht. — Steigbügel noch vollkommen knorpelig."

Foetus Anfang des fünften Monats: „Die Hauptmasse des Hammerkopfes ist knöchern"; oben ist er jedoch von einer schräg (nach hinten und aussen) aufsitzenden Knorpelkappe bedeckt. „Hals, kurzer Fortsatz und Handgriff sind knorpelig. — An dem Ambos ist die Verknöcherung am langen Schenkel heruntergegangen und hat bis an die Umbiegungsstelle am Os lenticulare Platz gegriffen. Der Kopf, der kurze Fortsatz und das Linsenbein sind knorpelig. Der Steigbügel ist noch knorpelig. — Der Processus Folianus ist durch straffes Bindegewebe mit dem stark an Dicke reduzierten Meckelschen Knorpel, dem Annulus tympanicus und mit dem Hammerhals verbunden."

Fötus Mitte des fünften Monats: „Fast der ganze Hammer kopf ist knöchern; jedoch besteht noch die Knorpelkappe." Sonst keine Veränderungen.

Fötus Ende des fünften Monats: „Hammer: Kopf und Hals vollständig ossifiziert mit Ausnahme eines Knorpellagers, das die Berührungsfläche mit dem Ambos darstellt. Handgriff und kurzer Fortsatz sind noch durchaus knorpelig. Der Meckelsche Knorpel ist auf ein dünnes Knorpelgebilde reduziert, seine peripheren Partien, besonders die untere, haben sich bereits in Bindegewebe verwandelt." — Ambos: Der ganze Ambos mit Ausnahme der Berührungsfläche gegen den Hammer und der äussersten Enden der Prozesse ist nun verknöchert. „Der lange Schenkel zeigt als das erste der Mittelohrgebilde einen Markraum." — Steigbügel: „Die Steigbügelbasis ist knöchern mit Ausnahme der vestibulären und der Gelenkfläche, die einen Knorpelüberzug tragen (dieser Knorpelüberzug ist jedoch nicht der Rest der primären vorknorpeligen ovalen Fensterplatte). Die Hauptmasse der beiden Schenkel, nämlich der der Basis zu gelegene Teil ist knöchern, der ganze Kopf und das laterale Drittel beider Schenkel dagegen knorpelig."

Fötus im sechsten Monat: „Die Ossifikation macht jetzt langsamere Fortschritte. Im Hammerkopf bildet sich ein Markraum. Im Ambos geht die Verknöcherung etwas weiter in den Linsenfortsatz hinein. Das Köpfchen des Steigbügels und das laterale Schenkeldrittel beginnt nun ebenfalls zu verknöchern. In beiden Schenkeln bilden sich Markräume."

Von den Thesen, die Dreyfuss am Ende seiner Arbeit aufgestellt, will ich besonders folgende referieren, auf die ich später Gelegenheit haben werde zurückzukommen:

These 2. „Das Blastem des proximalen Endes des ersten Kiemenbogens liegt dem Blastem des Annulus stapedialis an."

These 3. „Das Blastem des proximalen Endes des ersten Kiemenbogens verschwindet bald und verwandelt sich in Bindegewebe."

These 4. „So entsteht ein Stadium, wo das vorknorpelige Ende des ersten Kiemenbogens in einer gewissen Entfernung vom Steigbügelring gelegen ist."

These 5. „Der Handgriff des Hammers und der lange Schenkel des Ambosses wachsen zu gleicher Zeit in paralleler Richtung nach vorn, innen und unten aus."

These 8. „Der zusammenhängende Hammer- und Ambosskörper trennt sich kurz vor Aussendung der ad 5 genannten Fortsätze infolge der Bildung einer Zwischenscheibe. (Die Art der Trennung wurde bis jetzt noch nicht beobachtet)."

These 11. „Sobald die Anlage des Annulus stapedialis als eine konzentrisch um ein kleines Gefäss gelagerte Zellanhäufung erkennbar ist, liegt sie zwischen dem Blastem des proximalen Endes des ersten und des zweiten Kiemenbogens. Sie ist aber von beiden durch die konzentrische Schichtung ihrer Zellen wohl zu trennen, also vorderhand als unabhängige Bildung zu betrachten."

These 17. „Das Ligamentum annulare baseos stapedis wird hauptsächlich gebildet aus Elementen des beschriebenen Vorknorpels (im ovalen Fenster) und aus Spindelzellen, die vom Perichondrium der tympanalen Oberfläche der Vorhofkapsel hereinwachsen."

These 19. „Das Gelenk zwischen langem Ambosschenkel und Steigbügelring wird nicht in Form des Auftretens einer Zwischenscheibe gebildet, da der lange Ambosschenkel ja erst an den Annulus stapedialis heranwachsen muss, die beiden Gebilde also nie ein Continuum bilden."

These 21. „Nach Resorption bezw. Involution des proximalen Endblastems des zweiten Kiemenbogens besteht eine zeitlang keine Verbindung zwischen der periotischen Kapsel und dem proximalen Ende des vorknorpeligen zweiten Kiemenbogens."

These 22. „Die Verbindung zwischen dem proximalen Ende des definitiven Reichertschen Knorpels und der Kapsel der Bogengänge wird hergestellt durch ein neu auftretendes, zuerst vorknorpeliges, später knorpeliges Gebilde" („Intercalare oder Schaltstück").

These 24. „Der Processus styloideus Politzer besteht aus dem oberen Ende des Reichertschen Knorpels, dem Schaltstück und dem angrenzenden, spät verknöchernden Bezirk der Bogengangskapsel."

Baumgarten (3) untersuchte einen 3 cm langen menschlichen Embryo. Er ist unter den früheren Verfassern der einzige, der Rekonstruktionsbilder der Gehörknöchelchen geliefert.

„Der künftige Proc. brevis und das Manubrium Mallei ragen nach unten weit hervor und sind als solche in ihrer Gestalt bereits erkennbar." Der Hammer ist vom Ambos nur durch einen auf den Querschnitten deutlich hervortretenden „dunklen Streifen von Knorpelzellen" getrennt. „Mit dem Meckelschen Knorpel ist dagegen der Hammerkörper noch vollständig eins." — Aussen vom Hammer und Meckelschen Knorpel sah er „einen schmalen Zellstreifen, weit hinab bis in die Gegend des künftigen Unterkiefers verfolgbar"; dieser Zellstreifen, der „unzweifelhaft einer der Belegknochen des Meckelschen Knorpels ist", soll nach Baumgartens Auffassung „sehr wahrscheinlich"

mit dem Processus Folianus identisch sein. „Am Ambos sind
Corpus, Proc. brevis und longus deutlich unterscheidbar, er
hat also die künftighin bleibende Form schon etwa erhalten,
während die beiden anderen Gehörknöchelchen, Hammer und
Steigbügel, noch bedeutende Umgestaltungen erleiden, ehe auch
sie am Ende ihrer Metamorphosen angelangt sind. Einzig das
Os lenticulare ist noch nicht vorhanden, der Steigbügel steht
in direkter Berührung mit dem langen Fortsatz des Ambos. —
Im gegenwärtigen Entwickelungsstadium ist der Steigbügel noch
nichts als ein derber, gleichmässig gerundeter Knorpelring,
dessen medialer Teil höher steht als der laterale, sodass er an
der Stelle, wo er sich an den Ambos anlegt, einen Winkel von
45° mit der Horizontalebene bildet. Von einem Unterschied
in der Krümmung der Schenkel und von einer Fussplatte ist
nichts zu bemerken. — Die Arteria stapedialis ist sehr klein
und wahrscheinlich schon im Stadium der Involution befindlich."
— Der Reichertsche Knorpel steht zwar im Kontakt mit der
Labyrinthkapsel, ist aber nicht mit derselben verschmolzen.
„Er hebt sich von ihr im Gegenteil durch seine weit grössere
Zellenmenge auf gleichem Raume, und damit durch seine viel
intensivere Färbung sehr deutlich ab. - Hinter dem Reichertschen Knorpel, zwischen ihm und der Gehörblase, sieht man
den Durchschnitt des Facialis, der Hyoidbogenknorpel dient
also hier dazu, einen Teil der Wand des Fallopischen Kanals
zu bilden." — Vom oberen Ende des Reichertschen Knorpels
„ziehen einige dunklere Zellenstreifen um den Facialis herum
zum Steigbügel hinüber. Die Lehre, nach welcher der Steigbügel aus dem Knorpel des zweiten Kiemenbogens hervorgeht,
lässt sich mit dieser Erscheinung wohl in Einklang bringen."
— Dafür spricht auch der Umstand, dass „in der knorpeligen
Struktur des Hammers, des Ambosses und des Meckelschen
Knorpels einerseits, des Steigbügels und des Reichertschen
Knorpels andererseits ein bemerkenswerter Unterschied insofern

existiert, als die beiden letzteren Organe auf gleichem Raum eine viel reichere Entwickelung der zum Aufbau dienenden Zellen zeigen, als erstere; gewiss doppelt so zahlreich."

Über die Frage, ob die Lamina stapedialis ihren Ursprung der Labyrinthkapsel zu danken hat oder nicht, spricht sich Baumgarten folgendermassen aus: „Die Wand der Gehörblase scheint mir an der Stelle, wo der Steigbügel sie berührt, die Eigenschaft eines Knorpels nicht mehr zu haben, vielmehr finde ich, dass an dieser Stelle nur noch eine dünne Membran übrig ist, die die Meinung nicht rechtfertigt, dass aus ihr eine knorpelige Platte, an Dicke den Schenkeln des Steigbügels gleich, hervorgehen könne."

Siebenmanns (54) Material bestand aus 4 menschlichen Embryonen aus der 4.–6. Embryonalwoche.

Bei dem jüngsten dieser Embryonen („7 mm lang, am Ende der vierten Woche stehend") hatten Hammer und Amboss, „sich noch in keinerlei Weise differenziert." Das Blastem der beiden ersten Bogen, kernreicher und stärker gefärbt als das der übrigen Bogen, umgiebt „röhrenförmig die betreffenden Nerven — den Trigeminus und Facialis." — „Der kürzere und dünnwandigere Blastemmantel des Trigeminus liegt demjenigen des Facialis, welcher länger und dichter ist, breit auf. Beide gehen ohne deutliche Grenze ineinander über, soweit als nicht eine solche gebildet wird durch den epithelial verklebten Teil der Kiemenspalte. Hinter dem dorsalen Ende der letzteren strahlt die laterale Partie dieser vereinigten Blastemschicht direkt unter dem Ektoderm gegen die Seitenfläche des Rautenhirnes aus, sich auf dieser Strecke teilweise vereinigend mit der Blastemzone, welche die laterale Wand des Labyrinthbläschens umgiebt; die mediale Partie sehen wir zwischen die Epithelschicht der hinteren Wand der ersten Schlundtasche und das Labyrinthbläschen sich hineinschieben als ein kurzer Lappen dessen Ursprungsstelle in der Hauptsache dem Facialisgebiet

angehört und in dessen Mitte sich später der vorknorpelige
Stapes differenziert. — Wichtig für die Frage der Provenienz
des Stapes ist die Thatsache, dass in diesem jüngsten Stadium
der stapediale Blastemlappen gegen das Labyrinth deutlich
abgegrenzt ist durch eine helle mesodermale Zone."

Siebenmanns 2. Stadium (Embryo 10,5 mm NL.) „zeigt
ähnliche Verhältnisse, wie die oben geschilderten." — Nur die
Veränderung ist eingetreten, dass der stapediale Blastemlappen
jetzt von der Arteria stapedialis durchbohrt ist und sich der
Labyrinthwand genähert hat.

Stadium 3. (Embryo 15 mm und 15½ mm NL.) zeigt
dagegen bedeutende Fortschritte. „Zum erstenmal tritt hier
Vorknorpel auf." Sämtliche Gehörknöchelchen sind angelegt
und bestehen aus Vorknorpel. „Ihre Form hat schon jetzt
grosse Ähnlichkeit mit derjenigen, welche sie im extrauterinen
Leben besitzen. Sie bilden, gleichwie nach der definitiv vollen-
deten Entwickelung, eine kontinuierliche Kette. Dieselbe findet
sich, in vertikaler Richtung betrachtet, zwischen den dorsalen
Enden des Meckelschen und Reichertschen Vorknorpels
ausgespannt, geht in letztere kontinuierlich über und unterscheidet sich von ihnen histologisch — namentlich was Hammer
und Amboss anbelangt — bloss durch einen geringeren Reife-
zustand. Die Verbindung zwischen Stapes und Reichertschem Vorknorpel wird vermittelt durch eine vorknorpelige, sich
schwächer färbende, dem Facialis anliegende Platte (vorknorpeliger Facialismantel). Auch zwischen Hammer und Meckel-
schem Knorpel findet sich ein ähnliches, weniger tingibles Verbindungsstück. — Der Stapes liegt der Labyrinthkapsel fest
an, differenziert sich aber deutlich von ihr."

Siebenmann spricht als seine bestimmte Meinung aus,
„dass die dem Labyrinth zugewandte Fläche des Annulus stapedialis der späteren Stapesplatte entspricht und dass also der
menschliche Stapes nicht (im Sinne von Gradenigo) doppelten

Ursprungs ist. — Die von der „Stapesplatte" berührte Partie
der vorknorpeligen Labyrinthkapsel geht direkt (ohne „knorpeliges Zwischenstadium") in Bindegewebe über." (So ist auch
die Auffassung Baumgartens und Dreyfuss hat sich mündlich derselben angeschlossen.) — „Nach der Sachlage", sagt
Siebenmann schliesslich, „wie sie aus meinen nun beschriebenen Präparaten sich herausstellt, ist es — sowohl was den
blastemartigen als was den vorknorpeligen Zustand der menschlichen Gehörknöchelchenkette anbelangt — vernünftigerweise
kaum erlaubt darüber ernstlich zu streiten, welchem der beiden
ersten Kiemenbogenvorknorpel dieses oder jenes der drei Gehörknöchelchen angehöre. Denn alle diese Elemente — Reichertscher und Meckelscher Vorknorpel, Hammer, Amboss und
Steigbügel — treten ziemlich gleichzeitig auf, als geson-
derte Skelettstücke aber aneinander gereiht zu einer kon-
tinuierlichen, hufeisenförmigen Kette, deren beide lange End-
glieder allerdings im ersten und zweiten Kiemenbogen stecken,
aber deren Mittelglieder wohl mit mehr Recht selbst-
ständig erklärt als dem einen oder anderen End-
glied zugeteilt werden können."

Diese Meinung präzisiert er noch schärfer in einer späteren
Publikation (55). „Meine eigenen Untersuchungen", sagt er,
„drängen zu dem Schlusse, dass die menschlichen Gehörknöchelchen nicht dem einen oder anderen Kiemenbogen
angehören, sondern dass sie, gleich wie das Labyrinth,
als besondere Teile des vorknorpeligen Schädelskelettes anzusehen sind." — Besonders zu bemerken
ist, dass Siebenmann den Proc. anterior (Folii) mallei als von
der oberen Hälfte des Meckelschen Knorpels gebildet annimmt;
diese sollte folglich persistieren und verknöchert werden.

Zondek (64) konnte an Kaninchenembryonen von 1,2 und
1,5 cm Sch.-St.-L. und an einem Kuhembryo von 2,4 cm Sch.-
St.-L. einen deutlichen, direkten Zusammenhang zwischen dem.

Hyoidbogen und der Stapesanlage konstatieren. Ausserdem
untersuchte er zwei menschliche Embryonen von resp.
3,5 und 7 cm Sch.-St.-L. Die Beschreibung letzterer will ich
als für die hier vorliegende Untersuchung von grösserem Interesse etwas genauer referieren.

1. „Menschlicher Embryo von $3^1/_2$ cm Sch.-St.-L. Labyrinthkapsel und Gehörknöchelchen bestehen aus reifem, embryo-
nalem Knorpel[1]). Derjenige Teil der lateralen Labyrinthwand,
der dem späteren Foramen ovale einerseits und dem Foramen
rotundum andererseits entspricht, ist in Bildungsmasse angelegt.
Der Meckelsche Knorpel geht kontinuierlich in den Hammerkopf über; auch histologisch ist keine deutliche Grenze zu
erkennen. Der Hyoidbogen ist knorpelig angelegt und ist durch
indifferentes Gewebe von dem Stapes-Ring geschieden. — Der
Handgriff des Hammers ist fast ebenso dick wie der Kopf.
Der Proc. folianus ist noch nicht gebildet. — Hammer und
Amboss sind von einander deutlich getrennt. Eine dichte Rund-
zellen-Schicht, die Zwischenscheibe, scheidet den oberen Teil
des Hammer-Kopfes von dem vorderen lateralen Gelenkfortsatz
des Amboss, während an der unteren Hälfte des Gelenkes eine
trennende Schicht mehrerer longitudinaler Zellenreihen vorhanden ist. — Der stark entwickelte lange Fortsatz des Ambosses strebt parallel dem Manubrium der Labyrinthwand zu.“

2. „Menschlicher Embryo von 7 cm Sch.-St.-L. Mikroskopisch ist jetzt eine deutliche Grenze zwischen dem Meckelschen Knorpel und Hammerkopf zu erkennen. — Am schlank
geformten Hammer kann man Kopf, Hals und Handgriff deutlich von einander unterscheiden. Der Proc. brevis ist schwach
entwickelt; nach vorn und abwärts erstreckt sich der Proc.

---

[1]) Zondek unterscheidet folgende Entwickelungsstadien:
    1. Bildungsmasse (= Dreyfuss' Blastem).
    2. Vorknorpel oder unreifer Knorpel.
    3. Reifer, embryonaler Knorpel oder Jungknorpel.

Iolianus, der als Belegknochen angelegt noch nicht mit dem
Hammer verschmolzen ist." — Die Zwischenscheibe zwischen
Hammer und Amboss ist jetzt verschwunden; ein einfaches
Gelenk ist an dessen Stelle getreten. „Der Amboss hat ungefähr
die Form eines zweiwurzeligen Molarzahnes, dessen Wurzeln
ziemlich senkrecht zu einander divergieren. Die mediale Wurzel,
der Proc. longus grenzt unmittelbar an den Steigbügel. Das
Os lenticulare ist noch nicht gebildet." — Der vordere Schenkel
des Steigbügels ist nur wenig gekrümmt; der hintere Schenkel
beschreibt dagegen einen grossen Bogen. „Die Fussenden der
beiden Schenkel verbindet ein Knorpelstab, die Lamina stapedialis, die in ungefähr sagittaler Ebene der Labyrinthwand
anliegt."

Die Möglichkeit einer doppelten Stapesanlage betreffend,
spricht sich Zondek folgendermassen aus: „Der labyrinthäre
Ursprung der Lamina stapedialis ist bisher nicht erwiesen. Der
aus Bildungsmasse bestehende Ring liegt mit einem Segment
in der Labyrinthwand. Dieses Segment wird zum Knorpel,
während der dahinter liegende Teil, der dem For. ovale entspricht, wie der Abschnitt der Labyrinthkapsel, aus dem sich
das For. rotundum entwickelt, die Struktur von Bildungsmasse
zeigt. Weiterhin entwickelt sich das hinter der Lamina stapedialis gelegene Gewebe bis zum Vorknorpel, um sich dann in
Bindegewebe umzuwandeln.

Jacoby (31) rekonstruierte nach Borns Methode das Primordialkranium eines 3 cm langen menschlichen Embryos
desselben den Baumgarten vorher untersuchte (s. S. (540).*34.)*

Aus Jacobys Abhandlung entnehmen wir folgendes, das
von grösserem Interesse ist: Auf einigen schematischen Schnitt-
zeichnungen zeigt er genauer den „Bindegewebsstreifen, der
vom unteren Teile des Stapesringes zum Reichertschen Knorpel
zieht." Auf denselben Zeichnungen sieht man die primäre
Stapesplatte zu „einer dünnen bindegewebigen Schicht" reduziert.

Auf der Abbildung des Primordialcraniums (von der Seite
gesehen) sieht man den Deckknochen des Unterkiefers sich
lateral und etwas hinterhalb des Meckelschen Knorpels
aufwärts in eine Knochenlamelle fortsetzen, „die immer dünner
wird, um in der Gegend der Gehörknöchelchen wieder dicker
zu werden." — „Mit Recht", sagt Jacoby, „vermutet Baumgarten hier wohl die Anlage des Proc. folianus." — Die Stellung Jacobys in der Stapes-Streitfrage ergiebt sich aus folgendem: „Während die Beteiligung des Reichertschen Knorpels
vielleicht gesichert sein dürfte, so ist bei der Labyrinthwand,
die Sachlage verwickelter. Denn Gradenigos Befunde lassen
noch den Einwand zu, dass die Stapesplatte erst sekundär in
die Labyrinthwand eingelassen worden ist und auch der Baum-
gartensche Embryo, den ich nachgeprüft habe, zeigt, wie ich
glaube, dieses Verhältnis. Die Entscheidung über die Ab-
stammung des Stapes von der Labyrinthwand muss nach dem
Stadium jüngerer Stadien getroffen werden. Und hier steht
von Noordens positiver Befund, der sicherlich von grossem
Interesse ist, bisher wenigstens zu vereinzelt da und sind die
betreffenden Angaben nicht bestimmt genug, um überzeugen zu
können. Es bleibt also die Frage noch offen, da sowohl die
vergleichende Anatomie als auch die Entwickelungsgeschichte
noch nicht das letzte Wort gesprochen haben."

Broca et Lenoir (6) fanden bei einem 3 Monate alten
Knaben, dessen rechtes Ohr normal war, das linke, äussere
Ohr nur durch ein Paar kleine Höcker repräsentiert. Der
äussere Gehörgang fehlte an dieser Seite. Im Bereich des Mittelohrs fanden sie zwei Knöchelchen, von denen das untere mit
den persistierenden Meckelschen und Reichertschen Knorpeln
in Zusammenhang stand. Dieses Knöchelchen deuten die Verfasser als Hammer, dessen „apophyse de Raw", (Proc. Folii)
vom Meckelschen und dessen Manubrium vom Reichertschen Knorpel gebildet wurde. Nachdem sie, die Entwickelung

der Gehörknöchelchen betreffend, Balfour und Salensky citiert, sprechen sie sich schliesslich folgendermassen aus: „Il nous semble résulter de nos constations et de l'interprétation des auteurs nommés qu'il ne serait pas impossible de considérer le marteau et l'enclume comme formés à la fois par les deux premiers arcs branchiaux, le manche du marteau représentant la partie postérieure du deuxième arc."

Über die jetzt allgemein herrschende Auffassung des Ursprunges der Gehörknöchelchen, so wie diese in den Lehrbüchern des letzten Jahrzehntes hervortritt, ergiebt sich aus meiner tabellarischen Übersicht folgendes: — Malleus und Incus stammen vom ersten Visceralbogen. — Über den Ursprung des Stapes sind dagegen die Meinungen sehr divergierend. Minot (37) und Wiedersheim (63) meinen, dass der Steigbügel allein von der Labyrinthkapsel herrührt; Hertwig (22, 23), Schenk (50) und Schultze (51) sind geneigt, einen doppelten Ursprung anzunehmen (Annulus selbständig oder vom Hyoidbogen, Lamina von der Labyrinthkapsel); einige (Bonnet (5), Schäfer (48), Graf Spee (56) sprechen sich weder für die eine noch für die andere Auffassung aus. — Nur darin herrscht eine gewisse Einigkeit, dass niemand willig scheint, die Richtigkeit der alten Reichertschen Theorie zuzugeben, nach der der Steigbügel seinen Ursprung nur vom zweiten Visceralbogen abstammt.

Kollmann (32), dessen Lehrbuch erst erschien, nachdem obiges schon geschrieben war, ist doch einer solchen Annahme geneigt. Die Gründe, die hierbei für ihn bestimmend zu sein scheinen, sind: 1. dass der M. stapedius vom Facialis innerviert wird; — 2. dass „Defekte am Hammer und Ambos, welche oft mit einer Verkleinerung des Unterkiefers zusammentreffen, den Steigbügel unberührt lassen", während „umgekehrt Anomalien an dem Stapes vorkommen", wenn gleichzeitig „die beiden übrigen Gehörknöchelchen normal sind." — Dass er jedoch, den Stapesursprung betreffend, nicht ganz sicher ist, ist aus folgendem ersichtlich: „Es lässt sich bei dem Menschen und auch bei den Säugetieren nicht mit voller Sicherheit entscheiden, ob der Steigbügel lediglich ein Produkt des Reichertschen Knorpels ist. Das Blastem, aus dem die Kette der Ossicula auditus entsteht, bildet schon in der sechsten Woche eine ge bogene Spange aus Vorknorpel, sodass es zweifelhaft bleibt, ob die Grundlage des Steigbügels von dem Hyoid- oder von dem Mandibularbogen herrührt" (l. c. S. 611). — Kollmann beschreibt den Processus longus (Folii) mallei als einen persistierenden Teil des Meckelschen Knorpels selbst und bildet ihn so ab. Nach ihm sollte sich also der betreffende Fortsatz nicht als Belegknochen entwickeln.

Auch der Aufsatz Hegetschweilers (21): „Die embryologische Entwickelung des Steigbügels", ist nach Abschluss meiner Untersuchungen erschienen.

Als Material dienten ihm sieben Katzenembryonen (von 13, 14, 18, 24, 27, 29 und 38 mm Sch.-St.-L.) und zwei menschliche Embryonen (7—8 und 12 Wochen alt).

Folgende Beobachtungen sind besonders von Interesse.

Katzenembryo von 13 mm Sch.-St.-L.

„Das proximale Ende des Hyoidbogens tritt in die unmittelbare Nähe des Labyrinthbläschens, ist jedoch von der Wand derselben durch einen deutlichen Trennungsraum geschieden. — Das Ende des Hyoidbogens umfasst ringförmig ein kleines Gefäss, die Arteria stapedialis. — Beide Bogen (Mandibular- und Hyoidbogen) verbindet als sogenannte Verschlussplatte eine breite Brücke von dunkler gefärbtem Mesenchymgewebe."

Katzenembryo von 14 mm Sch.-St.-L.

„Der Hyoidbogen legt sich zunächst an die mediale Seite des Nervus facialis an, wendet sich dann aber kaudalwärts, sodass er eine Strecke weit ein Teilstück der Hinterwand des vorknorpeligen Facialismantels bildet. — Jenes Teilstück der

Hinterwand des vorknorpeligen Facialismantels bildet eine Brücke, durch welche der Hyoidbogen ununterbrochen in die Steigbügel- anlage übergeht."

Katzenembryo von 18 mm Sch.-St.-L.

„Das Verbindungsstück zwischen eigentlichem Hyoidbogen (Reichertschem Knorpel) und Annulus stapedialis (Anlage des Steigbügels) bleibt auf der Stufe des Vorknorpels[1]) stehen."

Katzenembryo von 24 mm Sch.-St.-L.

„Der Stapes zeigt auf dieser Entwickelungsstufe bei Katzen embryonen die Form eines ovalen Knorpelringes, dessen Längen- durchmesser ventro-dorsal und latero-medial verläuft und dessen beide Pole konzentrische Schichtung der Zellen (sogenannte Knorpelkerne) zeigen. — Ein Gefässlumen (Arteria stapedialis) ist in diesem Knorpelring nicht mehr nachweisbar. — Den lateralen Bogen des Stapesovals berührt ungefähr in der Mitte der absteigende Ambosschenkel (Processus long. incud.), an dessen proximalem Ende sich bereits die vorknorpelige Anlage des Ossiculum lenticulare Sylvii durch die rundliche, kleinere Gestalt und intensivere Färbung ihrer Zellen diffenziert. Die Fenestra rotunda entsteht wie die Fenestra ovalis durch das Ausbleiben der Knorpelbildung an der betreffenden Stelle der häutigen Anlage."

Katzenembryo von 29 mm Sch.-St.-L.

„Das Verbindungsstück des Hyoidbogens mit der Stapes- anlage ist verschwunden. Dagegen tritt seine laterale Fläche in Berührung und schliessliche Verwachsung mit einem Fortsatz der Labyrinthkapsel, dem Processus perioticus von Gradenigo. Die ovale Form der Stapesanlage geht in der Weise in die endgültige Bügelform über, dass der mediale Bogen, indem er

---

[1]) Hegetschweiler benutzt dieselben Bezeichnungen für die histo- logischen Entwickelungsstufen wie Gradenigo (Siehe S. 524).

mit der Membrana fenestrae ovalis verwächst, zur Fussplatte, der laterale dagegen, sich hufeisenförmig umbiegend, zum Bügel, d. h. Schenkel plus Köpfchen, umgestaltet wird "

Katzenembryo von 38 mm Sch.-St.-L.

„Die Bilder, welche die Schnittserie dieses Embryos aufweist, differieren bloss hinsichtlich ihrer Grösse von denjenigen des letzten Fötus; es scheinen somit wenigstens die Mittelohrgebilde beim Katzenembryo von 29 mm Sch.-St.-L. bereits ihre endgültige Gestalt erreicht zu haben. — Die Mesenchymschicht aus der sich die Membrana fenestrae ovalis entwickelt, hat an Mächtigkeit eingebüsst (Dickendurchmesser: 20 Mikra; Dickendurchmesser der Membrana fen. ov. beim Embryo von 29 mm Sch.-St.-L.: 32 Mikra, und beim Embryo von 24 mm: 60 Mikra), ist aber dichter geworden. Das Ligamentum annulare ist bereits als deutliche, stark gefärbte Zellenlage zwischen Fensterwand und Stapesplatte angelegt; dasselbe ist medial mit der Membrana fenestrae ovalis verbunden und ist, wie diese, eine Bildung der vorknorpeligen Labyrinthwand."

Die beiden menschlichen Embryonen waren „nicht ganz tadellos erhalten", werden aber doch zum Vergleich mit den entsprechenden Entwickelungsstadien bei der Katze beschrieben.

Menschlicher Embryo von 18 mm Sch.-St.-L., — „einem Alter von etwa 7—8 Wochen entsprechend" —. „Der Mandibularbogenknorpel, dessen medialer Rand wellenförmig gezähnt erscheint, ist auf einigen Schnitten noch im Zusammenhang mit der Hammer-Ambossanlage getroffen und zeigt, wie letztere bereits Knorpelgewebe. — Der Steigbügel erscheint als rundlicher Zellenhaufen mit vorknorpeligem Bau zwischen Labyrinthwand (von der er deutlich abgegrenzt ist) und Nervus facialis. Dasselbe stellt das proximale Ende des Hyoidbogens dar."

Menschlicher Embryo, etwa 12 Wochen alt.

„Der Steigbügel steht ungefähr auf der gleichen Stufe der Entwickelung, wie beim Katzenembryo von 24 mm Sch.-St.-L. Er zeigt auch, wie jener, die Gestalt eines liegenden Ovals, an dessen lateralem Bogen der lange Ambosschenkel heranreicht, während der mediale, mehr plattgedrückte Teil, der später zur Fussplatte wird, mit der Membrana fenestrae ovalis (Dickendurchmesser dieser Membran: 20 Mikra) verwachsen ist; immerhin ist letztere besonders bei schwacher Vergrösserung als stark gefärbter Saum, der ununterbrochen auf die Vorhofsinnenfläche übergeht, von der Stapesplatte (Dickendurchmesser: 80 Mikra) zu unterscheiden. Wie bei dem erwähnten Katzenembryo vereinigen sich beide Bogen zu einem Oval, an beiden Vereinigungsstellen — Polen — nehmen die Zellen eine kreisförmige Lagerung an, es bilden sich sogenannte Knorpelkerne. — Die Membrana fenestrae ovalis zeigt vorknorpeligen Bau."

Eigene Untersuchungen.[1])

Material und Untersuchungsmethode.

Das Material, das mir zur Verfügung gestanden, war eine Serie von 30 menschlichen Embryonen von 8,3 mm N.-St.-L. bis zur vollen Reife (50 cm Totallänge). Die resp. Länge der verschiedenen Embryonen sind in folgender Tabelle angegeben:

Embryo-Nr.	N.-St.-L.	Sch.-St.-L.	Total-Länge	Embryo-Nr.	Total-Länge
I.	8,3 mm			XVI.	185 mm
II.	11,7 „			XVII.	190 „
III.	16 „			XVIII.	195 „
IV.	20,6 „			XIX.	205 „
V.	30,5 „			XX.	210 „
VI.	40 „			XXI.	215 „
VII.		55 mm		XXII.	220 „
VIII.		70 „	90 mm	XXIII.	225 „
IX.			180 „	XXIV.	240 „
X.			210 „	XXV.	250 „
XI.			240 „	XXVI.	260 „
XII.			200 „	XXVII.	290 „
XIII.			250 „	XXVIII.	290 „
XIV.			260 „	XXIX.	320 „
XV.			280 „	XXX.	500 „

[1]) Vorläufige Mitteilungen über diese Untersuchungen habe ich zweimal in Form von Vorträgen im biologischen Verein in Stockholm (3. Dez. 1897) und bei der 12. Versamml. der anatom. Gesellschaft in Kiel (20. April 1898) gegeben (65).

Alle Messungen sind, wenn sich die Embryonen in Spiritus (meistens 80%), befanden, d. h. nach der Härtung ausgeführt. [Diese Angabe sehe ich als besonders wichtig an, wenigstens wenn es jungen Embryonen gilt. Bekanntlich schrumpfen sie nämlich bedeutend während der Härtung — mehr oder weniger je nach der verschiedenen Härtungsflüssigkeit; aber auch während der Einbettung in Paraffin schrumpfen sie so beträchtlich, dass man dem Rekonstruktor einen grossen Fehler vorwerfen muss, wenn er dieses nicht in Betracht nimmt. Aus den Messungen, die ich ausgeführt, ergiebt es sich, dass kleine Embryonen während der Einbettungsprozedur 8—20%; oder durchschnittlich ungefähr 10% schrumpfen[1]). Beispielsweise schrumpfte dabei Embryo I 8,24%, Embryo II 8,55%, Embryo IV (20,6 mm N.-St.-L.) schrumpfte während der Einbettung im ganzen 3,4 mm; davon kam auf den Kopf 1,1 mm 11,6%), auf den Rumpf 2,3 mm (20,72%); von zwei 7,5 mm langen Schweinsembryonen, von derselben Tracht und zusammengehärtet, schrumpfte der eine, der mit Xylol behandelt wurde, 12,2%, während der andere, mit Chloroform behandelte, nur um 10% einschrumpfte. — Ich bin überzeugt, dass sich die in der Litteratur befindlichen, verschiedenen Angaben über die Grösse von Embryonen auf derselben Entwickelungsstufe nicht nur aus individueller Grössendifferenz dieser, sondern auch durch den Umstand erklären lassen, dass von den Verfassern, die sie beschrieben, einige die Messungen an Objekten im frischen Zustande, andere erst nach deren Härtung gemacht d. h. erst wenn der Embryo eingeschrumpft, während noch andere die Masse mit Leitung der Schnittanzahl angegeben, also nachdem der Embryo durch die Einbettung nochmal bedeutend an Grösse verloren. — In diesem Zusammenhang will ich erwähnen, dass das Mass (2,89 mm) des Embryo Lf (7), den

---

[1]) Wie ich beim Anatomenkongress in Kiel erfuhr, ist dieselbe Beobachtung von H. Virchow gemacht.

ich vor einigen Jahren beschrieb, nach der Schnittzahl angegeben wurde. Er war nämlich mikrotomiert, als ich ihn zur
Bearbeitung erhielt. Seine Länge im Härtungsmittel mag 3,18 mm
betragen haben.

[Am besten ist wohl, die Masse nach der Härtung als Norm
zu nehmen (die Härtungsflüssigkeit ist anzugeben!). Die meisten
menschlichen Embryonen kommen ja erst nachdem sie gehärtet
sind in die Hände ihrer Beschreiber, und die meisten in der
Litteratur befindlichen Massangaben von menschlichen Embryonen
beziehen sich wahrscheinlich auf schon gehärtete Objekte.]

Von den Embryonen I—XI wurden die Köpfe nach Hämä-
toxylin-Eosin-Färbung und Paraffin-Einbettung (mit Xylol)
in Frontalschnittserien zerlegt (Embryo VI war doch schon
vorher im Querschnitte mikrotomiert); die Köpfe der Embryonen VII—XI hatte ich mit schwachen Lösungen von Chrom-
säure oder Chromosmiumsäure entkalkt. — Weniger gut konserviert waren nur die Embryonen V und VI; doch waren auch
hier die Grenzen der Gehörknöchelchen sehr deutlich. — Die
Dicke der Schnitte ist in den Serien I, II, IV, V, VIII und IX
20 μ, in der Serie VI 15 μ, in den Serien X und XI 30 μ und
in den Serien III und VII 40 μ. Jeder fünfte oder zehnte Schnitt
wurde in der Regel (wenn die Dicke der Schnitte weniger als
30 μ war), um bei der Rekonstruktion als Norm zu dienen,
doppelt so dick gemacht als die übrigen.

Die Stadien II—IX habe ich alle rekonstruiert. Von den
jüngeren Embryonen sind Konturzeichnungen (5—10 mal vergrössert) mit Hülfe des Embryographen angefertigt und zwar
sowohl vor der Einbettungsprozedur wie auch unmittelbar ehe
das Präparat im Paraffinblock eingeschlossen wurde. Um dieses
möglich zu machen, habe ich einen kleinen Apparat (Fig. 1 B)
konstruiert, der sich bequem auf dem Objekttisch des His'schen
Embryographen befestigen lässt und wo man durch cirkulierendes,
kochendes Wasser das Paraffin in einem — in der Vertiefung

placierten — Uhrglase geschmolzen hält. Hier lässt sich die
Kontur des Embryos beim durchfallenden Licht leicht abzeichnen.
Der kleine Hahn a ermöglicht eine Regulierung der Temperatur
in dem Napf B. — Von den älteren Embryonen (VII—XI) —,
von denen nur die linke Hälfte des Kopfes geschnitten wurde —
sind Konturzeichnungen in natürlicher Grösse vor der Einbettung

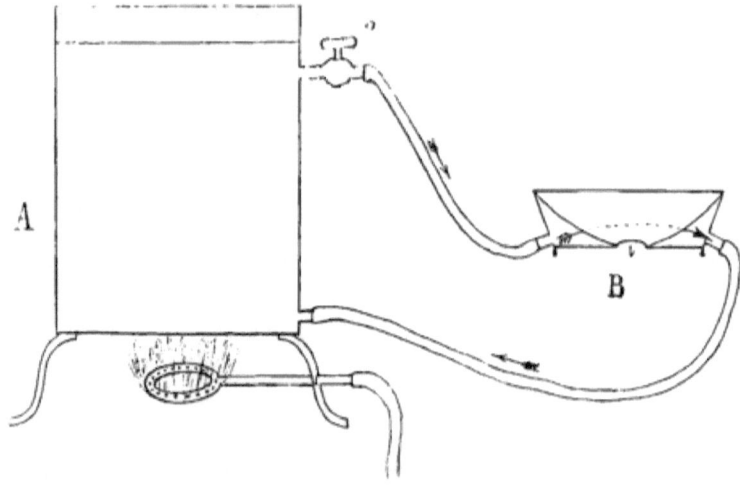

Fig. 1.

In der Abteilung A wird das Wasser gekocht. Die Abteilung B wird auf den Objekttisch
befestigt. Das Uhrgläschen passt genau in der Vertiefung der letzteren.

gemacht; und die spätere Schrumpfung ist nur durch makro-
skopische Messung berechnet. — Um genau festzustellen, in
welcher Richtung die Schnitte gefallen, habe ich mich folgender
einfachen Methode bedient: Die Objekte werden am Mikrotom,
die kleineren mit Hülfe eines Orthostates, so festgesetzt, dass zwei
auf der Zeichnung deutlich markierte Ausbuchtungen (s. Fig. 2a
und b) ungefähr gleichzeitig vom Messer getroffen werden müssen
Werden sie wirklich beide zur gleichen Zeit getroffen, so giebt

natürlich eine Linie. die beide tangiert (Fig. 2 c). die Schnittrichtung an. Fallen dagegen z. B. zehn Schnitte durch die eine
Ausbuchtung. bevor die andere vom Messer getroffen wird, so
berechnet man die Strecke, die auf der Konturzeichnung diesen
entspricht. misst vom höchsten Punkt der Ausbuchtung so viel
ab. und zieht von dem so erhaltenen Punkt (e) eine Tangente (d)
zu der zuletzt vom Messer getroffenen Ausbuchtung. Letztere
Linie bezeichnet sodann die Schnittrichtung.

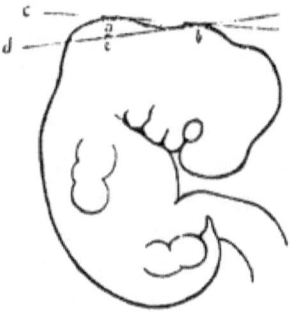

Fig. 2.

Bei der Rekonstruktion haben die zuletzt, d. h. die von den
in geschmolzenem Paraffin gelegenen Embryonen gemachten
Konturzeichnungen als Norm für das richtige Placieren der Platten
gedient[1]). Einer Richtebene habe ich mir bei diesen Rekonstruktionen nicht bedient. Der Nutzen, den man, wenn die
Schnitte nur 20 μ dick gemacht werden, von einer solchen
haben könnte, wird ziemlich illusorisch, da die Schnitte in der
Richtung, in welcher das Messer schneidet, zusammengedrückt
werden, und zwar mehr oder weniger je nach der Temperatur im

[1]) Dass diese Konturzeichnungen wirklich vollkommen korrekt sind —
dass das Embryo nicht bei dem Erstarren des Paraffins noch weiter schrumpft —
ist daraus ersichtlich, dass man, wenn die Schnittrichtung berechnet ist, voraus
fast auf den Schnitt berechnen kann, wie viel Schnitte die betreffende Serie
enthalten wird.

4*

Zimmer und der Schnittdicke, Faktoren, die ja fast immer etwas wechseln, während man eine Serie schneidet. Hierdurch wird auch die Richtebene auf einigen Schnitten mehr, auf anderen weniger verschoben. Wenigstens eben so sicher kann man deshalb die Platten nach (von verschiedenen Seiten aufgenommenen) Kontur-zeichnungen placieren, die man vor der Rekonstruktion zu der betreffenden Grösse überführt.

Meine Absicht mit der erwähnten Massregel, in den Serien, die wegen der histologischen Untersuchung in einer Dicke von nur 20 μ geschnitten wurden, dann und wann Schnitte von der doppelten Dicke zu machen, war, gerade bei der Rekonstruktion den Fehler berichtigen zu können, der sonst durch die Zu-sammendrückung entstehen würde. Diese dickeren Schnitte wurden nämlich davon nicht beeinflusst.

Statt der von Born empfohlenen Wachsplatten habe ich Kartonplatten benutzt, die mit Gummi arabicum zusammen-geklebt wurden. Hierdurch gewinnt man den Vorteil, dass auch die meist subtilen Sachen (wie die Chorda tympani, An-nulus tympanicus) bei einer ziemlich geringen Vergrösserung rekonstruiert werden können. — Um am Modell die das Total-bild störende Streifung zwischen den Platten zu´entfernen, fülle ich die Zwischenräume zwischen den meist hervorspringenden mit Cera alba und pinsele das Ganze mit geschmolzenem, dunkelbraunem Wachs in einer so dünnen Schicht über, dass das Modell nur schwach gelblich wird. — Es findet sich ein prinzipieller, wichtiger Unterschied zwischen diesem Verfahren und dem Bornschen (66). Wenn man nach der Bornschen Methode mit einem warmen Eisen das Rekonstruktionsmodell ebnet, nimmt man nämlich das Material zur Füllung der Vertiefungen von den Kanten der meist hervorspringenden Scheiben. Bei meiner Modifikation der genannten Methode bleiben dagegen die meist hervortreten-den Platten ganz unversehrt und demnach bestimmend für die

äussere Kontur des ganzen Modells. Wie aus dem vorhin
erwähnten ersichtlich sein dürfte, sind aber nur die dicksten
Schnitte — denen ja die meist vorspringenden Platten ent-
sprechen — vollkommen korrekt, und der Vorteil einer solchen
Veränderung der Born schen Methode ist deshalb einleuchtend.
— Ein Vorteil ist auch, dass man nicht kleine Unebenheiten
oder Auswüchse wegputzen kann, die vielleicht anfangs un-
wesentlich erscheinen, sich aber bei einem genaueren Studium
doch von Bedeutung erweisen können.

An den Embryonen XII—XV wurden die Gehörknöchelchen herauspräpariert und, nach Entkalkung mit Chromosmiumsäure, mikrotomiert.

Von den Embryonen XVI—XXVII wurden die Köpfe
einige Tage in 3% Kalilauge maceriert, worauf die Gehörknöchelchen herauspräpariert wurden. Sobald die Grenzen zwischen
Knorpel und Knochen deutlich hervortraten, wurden die Gehörknöchelchen in Glycerin gelegt (nach Schultzes (67) Methode).
Sie bilden ein gutes und sicheres Material zum Beurteilen der
Fortschritte der Verknöcherung.

Bei den übrigen (Embr. XXVIII—XXX) sind die Gehörknöchelchen nach gewöhnlicher Maceration herauspräpariert.

Die vorliegende Untersuchung, die ich im Herbst 1897 nach
Anregung des Herrn Prof. Erik Müller im Histologischen
Institut zu Stockholm begann, habe ich kürzlich am Histologischen Institut zu Lund vollendet. Für mein gutes und reich-
liches Material habe ich den Direktoren der genannten Institute
zu danken.

Ich gehe jetzt zur Beschreibung der einzelnen Stadien über.

Beschreibung der Stadien.

Embryo I. 8,3 mm N.-St.-L.

Da dieses Stadium fast ganz mit dem nächsten übereinstimmt, habe ich es nicht vollständig rekonstruiert, sondern
weise auf die Rekonstruktionsbilder (Tafel C Figg. 1, 2 und 3)
des zweiten Stadiums hin. — Textfig. 3 zeigt die Schnittrichtung
bei Embr. I.

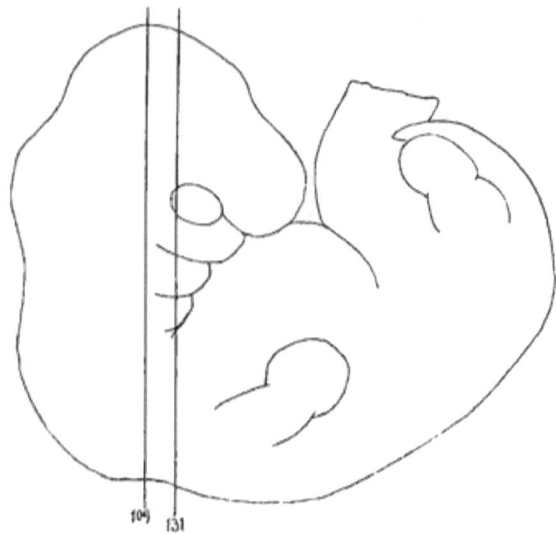

Fig. 3.

Embryo I. Skala. ¹⁰⁄₁. Die Linien 109 und 131 begrenzen das Gebiet, in dem die auf Tafel I
abgebildeten Schnitte (Figg. 1—8) gefallen.

Parallel mit der lateralen Körperwand verläuft die Vena
jugularis primit. (Taf. A Fig. 1 V. j. pr.) von oben nach unten
und begrenzt dorsal das Blastem [1]) der beiden ersten Visceral-

---

[1]) Ich unterscheide 3 histologische Entwickelungsstadien:

1. Blastem. Die Zellen sind klein, rund oder oval. Die Kerne sind

bogen. Medial von derselben sieht man das Ganglion acustico-
faciale (G. A.-F.) und das periotische Blastem (Lk.). Unmittelbar
vor der stärksten dorsalen Wölbung der betreffenden Vene fängt
das Blastem des Hyoidbogens (Taf. A Fig. 2 Lh. u. St.) an, durch
eine helle Zone (a) von dem periotischen Blastem (Lk.) getrennt.
Auf demselben Schnitt sieht man die Spitze der ersten inneren
Visceralfurche (I. Vf.), die hier unmittelbar am Ektoderm liegt.
Durch den schräg nach aussen und unten verlaufenden N. facialis
(VII) wird das proximale Ende des Hyoidbogens in eine mediale
und eine laterale Partie gespalten. Oben biegt sich die Vene
medial um das Ganglion trigemini (G. Trig.), unter dem man
das proximale Endblastem des Mandibularbogens (Mb.) sieht.

Am Schnitt 117 (Taf. A Fig. 3) hört das periotische Blastem
auf. Medialwärts von der inneren Visceralfurche (I. Vf.) verbindet sich hier die mediale Partie des Hyoidbogens sowohl
mit der lateralen Abteilung desselben Bogens wie auch mit
dem Mandibularbogen. So verhält es sich weiter noch bis
Schnitt 120 (Fig. 4), wo die Arteria stapedialis (A. st.) die mediale
Partie des Hyoidbogens, welche also nichts anderes als das
Stapesblastem darstellt, durchbohrt. — Eine konzentrische
Anordnung der Zellen desselben um die Arterie ist nicht wahrnehmbar.

Am nächsten Schnitt (121, Taf. A Fig. 5) erstreckt sich
die erste innere Visceralfurche weiter medial und grenzt dadurch

gross und füllen die Zellen zum grössten Teil aus. Sie lassen sich durch
Hämatoxylin stark färben.

2. Vorknorpel. Die Zellkerne zeigen die gleiche Grösse wie bei den
Blastemzellen. Dagegen hat die Protoplasmamenge stark zugenommen, sodass
die Vorknorpelzellen drei- bis viermal grösser sind als die Blastemzellen. Sie
zeigen eine unregelmässige Form und nehmen von Hämatoxylin im allgemeinen
nur eine schwache Färbung an.

3 Jungknorpel (oder Knorpel). Hierhin rechne ich allen embryo-
nalen Knorpel von der Zeit ab, wo Intercellularsubstanz anfängt, deutlich
sichtbar zu werden

vollständig das Blastem der beiden Bogen von einander ab.
Die Arteria stapedialis vereint sich hier mit der Arteria hyoidea
Gradenigo (A. h. pr.) zu einem Stamm (Tr. h-st.), der sich
nach kurzem Verlauf medial aufwärts mit der Arteria carotis
int. (A. c. int.) vereint.

Am Schnitt 123 (Taf. A Fig. 6) sieht man das Stapesblastem aufhören, und vom medialen Teil des Hyoidbogens bleibt
auf den zunächst folgenden Schnitten nur noch ein dünner,
stark gefärbter Facialismantel (Jh.) zurück. In den Schnitten 128
und 129 (Fig. 7) nimmt jedoch dieser Mantel so stark an Mächtigkeit zu, dass man wieder mit Recht von einer medialen
Hälfte des Hyoidbogens reden kann. Ober- und vorderhalb des
N. facialis steht dieser Teil in breiter Verbindung mit der lateralen Hälfte des Hyoidbogens. Die Grenze zwischen den Hyoid-
und Mandibularbogen wird hier weniger scharf, da die äussere
Furche zwischen ihnen hier von der inneren Furche weiter entfernt ist, und da eine Begrenzung in der Blastemmasse selbst
zwischen ihnen nicht bemerkbar ist. Am Schnitt 131 (Fig. 8)
verläuft die Chorda tympani (Ch. t.) in gerader Linie aufwärts
und medial vom N. facialis, um sich auf dem Gebiet des Mandibularbogens an dem medialen Rand des N. trigeminus (V)
anzulegen. Die mediale Partie des Hyoidbogens ist hier etwas
stärker gefärbt und dicker als die laterale. — Im folgenden
Schnitt zieht quer über die Chorda tympani — ungefähr an
der Grenzfurche der beiden Bogen — eine kleine Arterie, die
bedeutend weiter nach vorn (Schn. 140) von der Carotis ausgehend) lateral und aufwärts durch die mediale Partie des
Hyoidbogens verläuft, um, nachdem sie die Chorda tympani
erreicht, dieser auf das Gebiet des Mandibularbogens hinein zu
folgen. Obgleich diese Arterie also nicht von der Carotis „in
der Höhe des gemeinsamen Astes der Arteria stapedialis und
der Arteria hyoidea" abgeht, so ist sie wohl — nach ihrem
Verlauf zu urteilen — doch mit Gradenigos „Arteria man-

dibularis" (L. c. S. 185) identisch. — Auch die Arteria stapedialis (die Salensky A. mandibularis nennt) läuft medial von der inneren Visceralfurche auf das Gebiet des Mandibularbogens hinüber, wo sie sich lateral von der V. jugularis verliert.

Das proximale Endblastem des Mandibularbogens bildet eine ebene Anschwellung ohne Spur einer beginnenden Differenzierung in Malleus und Incus. Nur mit Hülfe der Lageverhältnisse kann man bei diesem sich einen Begriff davon bilden, welche Teile bestimmt sind zum einen oder anderen zu werden. Besonders spielt hierbei die Chorda tympani eine wichtige Rolle. Der dorsal von dieser liegende Teil, der zwischen dem N. facialis und der inneren Visceralfurche mit dem Stapesblastem in direkter Verbindung steht, ist natürlich die Incus-Anlage; zunächst vorderhalb der Chorda liegt die Malleusanlage.

Überall, wo keine anderen Organe (Gefässe, Nerven oder die innere Visceralfurche) hindernd dazwischen liegen, stehen die Blasteme der beiden Bogen mit einander in direkter Verbindung.

Embryo II. 11,7 mm N.-St.-L.

Die Schnitte zeigen im hauptsächlichsten dieselben Verhältnisse wie im vorigen Stadium, weshalb ich auch nur die Verschiedenheiten näher beschreiben will.

Die Vena jugularis prim. ist hier viel stärker (Taf. A Fig. 9), reicht lateral fast bis an das Ektoderm hinaus und begrenzt dadurch noch vollständiger die proximalen Endblasteme der beiden ersten Bogen. Auch die Arteria stapedialis hat in Grösse zugenommen. Dagegen scheint die A. hyoidea kleiner als vorher; ebenso auch die A. mandibularis. Mit gutem Willen kann man vielleicht im Stapesblastem eine beginnende konzentrische Anordnung der Zellen um die Arterie entdecken.

Wie im vorigen Stadium werden die beiden ersten Visceralbogen durch ihre resp. Nerven, Trigeminus und Facialis, in einen lateralen und einen medialen Teil geschieden. Die Grenze der medialen Teile sind aber deutlicher geworden. Die hintere Spitze der ersten inneren Visceralfurche (I. Vf.) reicht noch bis an die Aussenfläche des Körpers und grenzt hier die lateralen Teile der beiden Bogen ab. Nach vorn entfernt sich die genannte Furche immer mehr von der Aussenfläche und grenzt hier nur die medialen Teile der Bogen von einander ab. Das proximale Ende des medialen Teils des Mandibularbogens ist nicht zur Entwickelung gekommen, was darauf beruht, dass die V. jugularis prim. schon vorher seinen Platz einnimmt (Taf. A Fig. 10).

Betrachtet man die Rekonstruktionsfigur von hinten (Taf. C Fig. 1), so findet man die beiden Bogen lateral durch eine von der Spitze der ersten inneren Visceralfurche gebildete Höhlung (I. Vf.) deutlich von einander getrennt. Medialwärts stehen sie dagegen mit einander in direkter Verbindung. Der N. facialis (VII) verläuft in einem Bogen nach unten und etwas lateral, um sich am unteren Rand des Hyoidbogens plötzlich nach vorn zu biegen. Er trennt die mediale Endpartie des Hyoidbogens, das Stapesblastem (St.), von der lateralen (Lh.). Unmittelbar vor dem Facialis steht jedoch das Stapesblastem in direkter Verbindung sowohl mit der lateralen Endpartie des Hyoidbogens wie auch mit dem Mandibularbogen. Dass das Stapesblastem trotz dieser letztgenannten Verbindung doch mit Recht zum Hyoidbogen zu rechnen ist, geht aus Fig. 5 Taf. A hervor. Man sieht nämlich hier, dass die innere Visceralfurche etwas weiter nach vorn die Stapesanlage deutlich vom Mandibularbogen abgrenzt. Es ist also nur eine dünne Zellenbrücke (Taf. C Fig. 2 Cr. l.) — die Anlage zum Crus longum Incudis — die im Zwischenraume zwischen dem N. facialis und der inneren Visceralfurche den Mandibularbogen mit der Stapesanlage verbindet. Durch den bei Embryo I beschriebenen „Facialismantel" steht die Stapesanlage in direkter Verbindung

mit dem vorderen, medialen Teil des Hyoidbogens. Zum grössten
Teil wird es jedoch davon durch indifferentes Gewebe getrennt.

An der Vorderseite der Rekonstruktionsfigur (Taf. C Fig. 3)
sieht man die Chorda tympani (Ch. t.) in fast gerader Linie
aufwärts und medial, vom Facialis zum Trigeminus verlaufen.
Die laterale Partie des Hyoidbogens (Hb. l.) steht hier mit der
des Mandibularbogens (Mb. l.) in direktem Zusammenhang; der
mediale Teil desselben (Hb. m.) wird dagegen durch die hier
mehr erweiterte innere Visceralfurche vom medialen Teil des
Mandibularbogens (Mb. m.) getrennt. — Der Mandibularbogen
zeigt keine Spur einer anfangenden Teilung im Malleus und
Incus.

Aus den Stadien I und II hat sich also u. a. ergeben:

Dass alle Gehörknöchelchen bei ihrer ersten Anlegung mit
einander in direktem Zusammenhang stehen.

Dass der Annulus stapedialis ein Derivat des zweiten Bogens
ist, mit dem er sich in direktem Zusammenhang befindet.

Dass die Zellanordnung in der Stapesanlage anfangs nicht
konzentrisch ist.

Dass die beiden ersten Bogen durch ihre resp. Nerven,
Trigeminus und Facialis, in einen lateralen und einen medialen
Teil geschieden werden.

Dass die Blastemmassen der beiden Bogen überall, wo sich
kein Hindernis findet, mit einander direkt zusammenhängen.

Embryo III ca. 16 mm N.-St.-L.

Die Vena jugularis primitiva ist jetzt bedeutend kleiner
geworden, liegt recht weit von der Körperwand entfernt und
grenzt deshalb nicht mehr die proximalen Enden der beiden
ersten Visceralbogen ab. Diese liegen jetzt der Labyrinthkapsel
an und scheinen mit derselben direkt verbunden. Die Labyrinthkapsel ist in einem vorderen, medialen Teil, Pars cochlearis, und

einem hinteren, lateralen, Pars Canalium semicirci larium (siehe Taf. E Figg. 1 und 4) geteilt. Letzterer ist in der Regel gut begrenzt und besteht teilweise aus Vorknorpel; Pars cochlearis dagegen besteht noch aus Blastem und lässt sich nur mit Schwierigkeit von umgebendem Mesoderm scharf abgrenzen. Oben ist die Grenze zwischen den beiden Abteilungen durch die sogenannte Facialis-Aushöhlung recht scharf markiert. In der lateralen Wand der Pars cochlearis liegt (nahe an der unteren Kante) der Annulus stapedialis zum Teil eingesenkt. Er besteht noch immer nur aus Blastem, das doch — infolge der bedeutend stärkeren Färbung — sich deutlich von dem angrenzenden Labyrinthkapselblastem unterscheiden lässt (s. Fig. 1 Taf. B u. XXXIX). Die konzentrische Anordnung der Zellen um die Arteria stapedialis ist jetzt deutlich. Der Ring zeigt ein zirkelrundes Querschnittsbild und auch eine konzentrische Anordnung der äussersten Zellenschichten um das Querschnittscentrum.

Wie am Rekonstruktionsbilde (Taf. C, Fig. V) zu ersehen, bildet die Stapesanlage (St.) einen gleichmässigen Ring. Seine beiden „Schenkel" liegen von vorn gesehen in gleicher Höhe. Der Ring steht schräg gegen die Horizontalebene und bildet mit derselben einen Winkel von ungefähr 45°. Der untere laterale Rand des Ringes steht in breiter Verbindung mit einem kurzen, zwischen Nervus facialis und Chorda tympani liegenden Auswuchs des Mandibularbogens (Cr. l.). Etwas unterhalb und lateral von diesem Auswuchs, der deutlich als Anlage des Crus longum Incudis zu erkennen ist, steht der Stapesring durch einen kurzen und schmalen, aber sehr deutlichen Blastemstrang (I. h.) in direkter Verbindung mit dem Hyoidbogen. Dieser Bogen ist im oberen, hinteren Teil nur halb so dick wie der Mandibularbogen und verzweigt sich gabelförmig, wo er den N. facialis trifft. Der mediale dieser Zweige stellt die soeben beschriebene Verbindung mit dem Stapesring dar, das Interhyale; der laterale, der mit dem vorderen Teil der Pars Can. sem. der

Labyrinthkapsel in direkter Verbindung steht, ist die Anlage zu dem, was Dreyfuss „Intercalare" nennt, ich aber lieber Laterohyale (L. h.) nennen möchte. Die proximale Hälfte des Hyoidbogens besteht überall aus Blastem.

Vor dem vorerwähnten, mit dem Stapesring verbundenen Auswuchse (Crus longum Incudis) sendet der Mandibularbogen einen in fast rechtem Winkel gebogenen Auswuchs (Taf. C Fig. 4 Mn.) herab, der in seiner oberen Hälfte mit der Anlage des Crus longum Incudis zusammenhängt, in der unteren aber davon getrennt ist. Ganz oben in der Spalte zwischen diesen Auswüchsen läuft die Chorda tympani (Ch. t.); ein Verhältnis, das angiebt, dass der vordere freie Auswuchs die Anlage des Manubrium Mallei darstellt. Abgesehen von dieser Spalte ist äusserlich keine Grenze zwischen den Malleus- und Incus-Anlagen zu sehen. Bei Untersuchung der Schnitte findet man jedoch, dass diese Anlagen durch eine aus 3—4 Blastemzellreihen bestehende Zwischenscheibe vollkommen von einander getrennt sind. Diese Zwischenscheibe bildet keine ebene Querscheibe, sondern eine winkelig gebogene Platte, deren vorderer, sagittaler Teil bedeutend grösser ist als der hintere, frontale. Diese beiden Abteilungen begrenzen die beiden späteren Hauptfacetten im Hammer-Ambossgelenk. — Das proximale Ende des Mandibularbogens (die Anlage des Crus breve Incudis) steht in direkter Verbindung mit dem vorderen Teil der Pars Can. sem. der Labyrinthkapsel. Dieser Teil besteht gleichwie die Pars cochlearis aus einem schwer zu begrenzenden Blastem.

Der Mandibularbogen besteht grösstenteils aus Vorknorpel. Die äussersten Enden der Crura Incudis und das ganze Manubrium Mallei sind noch aus Blastem gebildet; die obengenannte Zwischenscheibe sowie auch eine dünne Zellenschicht auf der äusseren Seite des ganzen Mandibularbogens haben auch das Aussehen von Blastem

Die hintere Spitze der ersten inneren Visceralfurche, die sich im vorigen Stadium gleich hinter der Chorda tympani, lateral von dieser bis an die Körperwand hinausstreckte, befindet sich jetzt eben an der medialen Seite der Chorda. Das Manubrium Mallei ruft etwas weiter nach vorne an der lateralen Wand des tubo-tympanalen Raumes (von jetzt an nenne ich die erste innere Visceralfurche so) eine schwache Einbuchtung hervor. — Der äussere Gehörgang ist angelegt und hat eine Tiefe von 0,5 mm. Die Membrana tympani hat eine Dicke von 0,67 mm.

Die Arteria stapedialis geht gerade unter dem vorderen Teil der Pars cochlearis von der Arteria carotis interna aus. Die Arteria hyoidea primitiva, die sich im vorigen Stadium mit der Arteria stapedialis vereinte, habe ich ebensowenig wie die Arteria mandibularis primitiva hier entdecken können.

Der Nervus facialis verläuft im ganzen wie im vorigen Stadium (Tafel C Fig. 5, VII). Nachdem er aus der Facialis-Aushöhlung herausgetreten, läuft er abwärts, auswärts und etwas nach hinten, zuerst zwischen dem Stapesring und der Anlage des Crus breve Incudis, sodann zwischen dem medialen und dem lateralen Gabelzweig des Hyoidbogens. Hinter dem letzteren begiebt er sich zur lateralen Seite des Hyoidbogens, um unmittelbar darauf die Chorda tympani abzugeben. Dieser spiralförmige Verlauf des Nerven um den Hyoidbogen herum (s. Fig. 4 Taf. C) erklärt uns das interessante Verhältnis, dass nur am proximalen Ende desselben der laterale Teil für die Bildung des eigentlichen Visceralbogens in Anspruch genommen wird. Nur mit dieser Annahme können wir nämlich das Entstehen dieses spiralförmigen Nervenverlaufs in der Zwischenzeit zwischen dem vorigen Stadium und dem vorliegenden erklären (siehe nebenstehendes Schema Fig. 4!). — Durch obenerwähntes Verhältnis aufmerksam gemacht, sieht man auch bei genauer Untersuchung der Schnitte, dass die stark gefärbte Blastemmasse, die den äusseren Gehörgang umgiebt, noch in einer — wenn auch nur schwach hervortretenden — Verbindung mit der Blastemhülle des Amboss und mit dem Laterohyale steht. Die betreffende Blastemmasse ist also nichts anderes als die zusammenhängenden lateralen Teile der beiden Bogen, die immer ihren Platz gleich unter dem Ektoderm behalten und bei der Bildung des äusseren Ohres von dem eigentlichen Visceral- skelett isoliert werden.

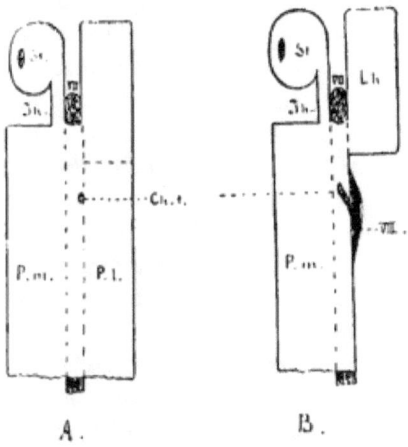

Fig. 4.

Schema des Hyoidbogens A vor, B nach der Abtrennung der distalen Partie des lateralen Bogenteils (P. l.). VII. N. facialis. St. Stapes. Lh. Laterohyale. Ih. Interhyale. P. m. Pars medialis. Ch. t. Chorda tympani.

Die Chorda tympani hat auf diesem Stadium denselben Verlauf wie im vorigen, nur mit dem Unterschied, dass sie sich zwischen die seit dessen heruntergewachsenen Auswüchse des Mandibularbogens, Manubrium Mallei und Crus longum incudis, hineinzwängt. Medial vom oberen Rande des Mandibularbogens vereint sie sich mit dem medialen Teil des dritten Trigeminus- astes (Fig. 5 Taf. C).

An der Labyrinthkapsel sind noch keine Fenestrae angelegt.

Am Embryo III ist also u. a. zu bemerken:

Dass Malleus und Incus von einander gleichzeitig mit dem ersten Auftreten von Vorknorpel im Centrum des Mandibular-bogens abgegrenzt werden; dass ein besonderer Vorknorpelkern in der Incusanlage gebildet wird, der schon von Anfang an durch eine persistierende Blastemschicht, die Zwischenscheibe, vom übrigen Vorknorpel des Mandibularbogens getrennt wird.

Dass Crus longum Incudis und Manubrium Mallei dadurch, dass sie bei ihrem Wachsen nach unten und innen auf die weit vorher gebildete Chorda tympani stossen, schon auf dem Blastemstadium von einander getrennt werden.

Dass der N. facialis dazu kommt, um den Hyoidbogen eine halbe Spirale zu bilden, weil die laterale Blastempartie dieses Bogens nur am proximalen Ende für die Bildung des eigentlichen Visceralskelettbogens in Anspruch genommen wird.

Dass die zusammenhängenden lateralen Teile der beiden ersten Bogen ihren Platz gleich unter dem Ektoderm behalten und bei der Anlegung des äusseren Ohres von dem eigentlichen Visceralskelett isoliert werden.

Dass die proximalen Enden des ersten sowohl wie des zweiten Bogens, nachdem die V. jugularis prim. kleiner geworden und mehr medial gerückt, mit der Labyrinthkapsel in blaste-matöse Verbindung treten.

Dass die hintere, vorher bis an die Aussenfläche des Kör-pers sich erstreckende Spitze der ersten, inneren Visceralfurche atrophiert oder eingezogen sein muss.

Embryo IV. 20,6 mm N.-St.-L.

Die Labyrinthkapsel zeigt ungefähr dieselbe Form wie im vorigen Stadium (Figg. 2 und 5 Taf. E). Histologisch unter-scheidet sie sich jedoch dadurch, dass ihre hintere, laterale Partie (Pars Canalium semicircularium) jetzt grösstenteils aus Jungknorpel besteht; ihre vordere, mediale Partie (Pars coch-

learis) hat gut markierte Grenzen und besteht aus Vorknorpel.
Nur die Partien, wo später die Fenestra entstehen sollen, zeigen
noch Blastemnatur.

Betrachten wir das Rekonstruktionsbild der Gehörknöchelchenanlagen (Taf. C Figg. 6 und 7), so finden wir, dass sie
nicht an Grösse zugenommen, eher umgekehrt. Dieses erklärt
sich aber einfach daraus, dass bei der Rekonstruktion dieses
Stadiums die mehr bestimmten Konturen des Vorknorpels zu
Grunde gelegt werden konnten, während im vorigen Stadium
— der ungleichen Entwickelung der verschiedenen Teile zu-
folge — die Grenzen des Blastems bei der Rekonstruktion
benutzt werden mussten. Da der Vorknorpel als ein Kern im
Blastem gebildet wird, ist diese Grössendifferenz leicht erklärlich.

Die Anlagen sämtlicher Gehörknöchelchen bestehen auf
diesem Stadium aus Vorknorpel, der jedoch im Stapes und in
den Auswüchsen des Malleus und Incus dem Blastemstadium
nahe steht. Alle Gehörknöchelchenanlagen sind von einer dünnen,
stark gefärbten Blastemschicht umgeben.

Der Stapes hat dasselbe Aussehen und die gleiche Lage
wie im letztbeschriebenen Stadium. Dadurch, dass die Verbindung zwischen Stapes und Crus longum Incudis sich noch
auf dem Blastemstadium befindet, wird man berechtigt auch
von einer Zwischenscheibe zwischen diesen Teilen zu sprechen.
Der Stapesring sitzt in der blastematösen Anlage der Fenestra
ovalis z. T. eingesenkt, ist aber von dieser durch die denselben
zunächst umgebende, stärker gefärbte Blastemschicht scharf abgegrenzt (Fig. 5 Taf. B). — Der Steigbügel steht noch immer
durch einen blastematösen Zellenstrang, (Interhyale, Taf. C
Fig. 7 Ih.) der jedoch jetzt etwas dünner geworden ist, in Verbindung mit dem Hyoidbogen. Am Schnitt 257 (Fig. 5 Taf. B)
sieht man den N. facialis in diesem Zellenstrang einschneiden.
Der laterale Gabelzweig des Hyoidbogens (Laterohyale, Taf. C
Fig. 6 Lh.) jetzt etwas besser begrenzt, hat im inneren einen

kleinen Vorknorpelkern (siehe Fig. 5 Lh. Taf. B), der durch persistierende Blastemmassen sowohl von der Labyrinthkapsel wie auch vom übrigen Teil des Hyoidbogens abgegrenzt wird. Dieser Teil besteht aus Vorknorpel.

Die Vorknorpelzellen in den Teilen des Mandibularbogens, die sich schon bei dem vorigen Embryo auf dem Vorknorpelstadium befanden, sind hier polygonal und deutlich grösser; die Kerne sind deshalb relativ kleiner und das Gewebe im ganzen ist weniger stark gefärbt. Noch hat jedoch keine deutliche Bildung von Intercellularsubstanz begonnen.

Infolge der veränderten Wahl der für die Rekonstruktion benutzten Kontur, sehen wir auch an der Aussenfläche die Grenze zwischen Hammerkopf und Amboss. — Die blastematöse Zwischenscheibe ist fast rechtwinkelig gebogen. — Der Amboss streckt sich bedeutend höher hinauf als der Hammer. Von dem kleinen Caput Mallei verläuft gerade nach unten ein kurzer Auswuchs (Collum Mallei, Taf. C Fig. 6, Coll.), der jetzt von Crus longum Incudis vollständig getrennt ist und der unten mit der medial und etwas abwärts gerichteten Anlage des Manubrium Mallei in Verbindung steht. An der Spitze des Winkels tritt ein recht grosser, nach unten gerichteter Höcker (Pr. l.) hervor, der nichts anderes ist als die Anlage des Processus lateralis Mallei.

Crus longum Incudis ist länger geworden als im vorigen Stadium; Crus breve (Taf. C Fig. 6, Cr. br.) ist auch deutlicher markiert, hängt aber noch durch eine dicke Blastemmasse mit der Pars Canalium semicircularium zusammen.

Der Musculus tensor tympani ist angelegt und inseriert am Manubrium Mallei medial von der Chorda tympani. Vom Musculus stapedius findet sich dagegen noch keine Spur. Der M. tensor tympani streckt sich aufwärts und medial zur lateralen Seite der Pars cochlearis, biegt sich da nach vorn und

folgt dem oberen Rande des tubotympanalen Raumes nach
vorn und unten. Er ist an der Umbiegungsstelle am dicksten
und verschmälert sich langsam gegen das vordere Ende.

Die Arteria stapedialis geht gleich unter dem vorderen Teil
der Pars cochlearis von der Carotis interna aus und verläuft
nach oben und lateralwärts durch den Stapesring. Von der
Arteria hyoidea (Gradenigo) ist keine Spur zu entdecken.

Der Nervus facialis, der in seinem oberen Teil gleichwie
im vorigen Stadium verläuft, liegt weiter unten nicht mehr
mitten zwischen den beiden Zweigen des Hyoidbogens, sondern
kreuzt den medialen (Interhyale) gleich aussen vor dem Stapesring (Taf. B Fig. 5 VII). Dieser veränderte Verlauf der Nerven,
der wahrscheinlich durch das verschieden starke Wachstum der
umliegenden Teile hervorgerufen worden ist, spielt gewiss für
das Verschwinden des Interhyale eine recht wichtige Rolle.
Dass es sich so verhält, wird sowohl dadurch angedeutet, dass
der Facialis, wie vorher erwähnt, sich so zu sagen in diesen
Zellenstrang einschneidet, wie auch dadurch, dass das Interhyale sich auf meinem nächsten Stadium grösstenteils verschwunden zeigt.

Der Verlauf der Chorda tympani ist in diesem Stadium
sehr interessant. Sie geht vom N. facialis ab, gerade wo
dieser lateral vom Hyoidbogen angelangt ist (Taf. C Fig. 6)
— also am selben Punkt wie zuvor. Die unteren $^2/_3$ der Chorda
haben noch dieselbe Richtung, aufwärts, vorwärts und medial,
wie vorher, aber an der Grenze des mittleren und des oberen
Drittels biegt sich die Chorda in fast rechtem Winkel nach vorn
und unten, um, nachdem sie in einer Strecke von ungefähr
0.63 mm dem oberen, medialen Rande des Mandibularbogens
entlang passiert, sich mit der Lingualispartie des 3. Trigeminuszweiges zu vereinen (Taf. C Fig. 7 Ch. t.). Dieses Verhältnis
ist, wie man leicht einsieht, dadurch hervorgerufen, dass diese
Partie ihr stärkstes Wachstum central vom Anheftungspunkt

5*

der Chorda, zwischen diesem und dem Ganglion trigemini, gehabt hat. — Die Chorda tympani liegt nunmehr nicht zu oberst in der Spalte zwischen Malleus und Crus longum incudis, sondern ungefähr an der Grenze zwischen Collum und Manubrium mallei. Nehmen wir an, dass die Chorda bei dem Abtrennen des Collum mallei vom oberen Teil des Crus longum incudis dieselbe mechanische Rolle gespielt hätte, wie wir es im vorigen Stadium bei der Abgrenzung des Manubrium sahen, so muss sich die Chorda auf einem Zwischenstadium da oben befunden haben und nachher vom Lingualis in die für dieses Stadium beschriebene Lage herabgezogen worden sein. — Man kann sich jedoch auch andere Erklärungen dieser Verhältnisse denken. Es ist z. B. nicht unmöglich, dass die Chorda an ihrem jetzigen Platze infolge des nach vorn auf das Manubrium wirkenden Zuges das Lösen des Collum mallei von Crus longum incudis hat bewirken können.

Die Untersuchung des Embryo IV hat folgende wichtigere Resultate geliefert:

Dass die erste Anlegung der Fenestrae mit dem Auftreten der Vorknorpelstruktur in der Pars cochlearis zusammenfällt; die Plätze der Fenestrae sind auf diesem Stadium dadurch markiert, dass sie noch immer aus Blastem bestehen.

Dass das Collum mallei vom Crus longum incudis vielleicht durch mechanischen Einfluss (Zugeinwirkung nach vorne hin) der Chorda tympani getrennt wird.

Dass der Processus brevis (s. lateralis) mallei schon in diesem Stadium als ein abwärts gerichteter, relativ recht starker Auswuchs angelegt wird.

Dass der Musculus tensor tympani angelegt wird, ehe noch eine Andeutung des Musculus stapedius existiert.

Dass die Stapesanlage mit dem Crus longum incudis durch eine blastematöse Zwischenscheibe zusammenhängt.

Dass das Crus breve incudis noch mit der Pars can. semicirc. in breiter, blastematöser Verbindung steht.

Dass das Laterohyale einen besonderen Vorknorpelkern hat; dass das Interhyale dagegen noch immer aus Blastem besteht, schmäler als im vorigen Stadium ist und im Begriff scheint vom N. facialis so zu sagen abgeschnürt zu werden.

Dass die Chorda tympani in diesem Stadium anfängt, ihren definitiven bogenförmigen Verlauf (mit der Konvexität nach oben) anzunehmen, indem ihr Befestigungspunkt am N. lingualis während dieser Zeit nach unten gezogen wird.

Dass der letztgenannte Nerv sein stärkstes Wachstum central von der Befestigungsstelle der Chorda tympani hat.

Embryo V. 30,5 mm N.-St.-L.

Die ganze Labyrinthkapsel besteht jetzt aus Jungknorpel, der jedoch in der Pars can. semicirc. bedeutend reichlichere Intercellularsubstanz besitzt als in der Pars cochlearis. Am Platz der beiden Fenestrae ist die Wand noch aus Blastem gebildet. Das Blastem mitten vor dem Stapesring bildet jetzt eine relativ dünnere Schicht als vorher.

Die Derivate des ersten Visceralbogens bestehen gleichfalls zum grössten Teil aus Jungknorpel; die des zweiten bestehen dagegen noch aus Vorknorpel. Die Reste des Interhyale und die Zwischenscheiben haben noch das Aussehen von Blastem. Die Spitze des Crus breve incudis ist jetzt deutlich von der Labyrinthkapsel abgegrenzt, streckt sich lateral von dieser nach hinten und unten und ist jetzt nur durch eine dünne Blastemscheibe mit derselben verbunden.

Der mediale Gabelzweig des Hyoidbogens, das Interhyale, ist an der Mitte vollkommen atrophiert. Ein kleines Stück desselben sitzt noch am lateralen Rand des Stapesringes gleich hinter dem Crus longum incudis fest (s. Taf. F Fig. 2), ein anderes undeutlicheres sieht man an der medialen Seite des

Hyoidbogens. An dieser Stelle ist der Hyoidbogen in einem stumpfen, nach aussen offenen Winkel gebogen.

Der N. facialis hat in der Partie, die uns hier interessiert, denselben Verlauf wie im vorigen Stadium. Dasselbe gilt auch für die Chorda tympani, abgesehen davon, dass ihre Verbindung mit dem N. lingualis — durch weiteres Wachstum in der centralen Partie desselben — ein beträchtlicheres Stück abwärts und nach vorn gerückt.

Musculus tensor tympani ist weiter entwickelt; Musculus stapedius dagegen noch nicht angelegt.

Der Processus longus (Folii) mallei ist als ein 0,4 mm langer, an beiden Enden freier Belegknochen am unteren, medialen Rande des Meckelschen Knorpels angelegt. Der Annulus tympanicus ist noch nicht als Knochen angelegt, und auch nicht der proximale Teil des Unterkiefers. — Verlauf und Aussehen der Arteria stapedialis sind wie im letztbeschriebenen Stadium.

Betrachten wir das Rekonstruktionsbild (Taf. F Figg. 1 und 2), so finden wir: dass das Caput mallei gewachsen ist, sodass es jetzt den Incus etwas überragt; dass das Manubrium (Mn.) etwas mehr abwärts gerichtet und etwas länger geworden ist; dass der Processus brevis s. lateralis (Pr. l.) sich gleichzeitig etwas mehr lateral gerichtet hat; dass der Incus so ziemlich seine definitive Form erreicht; dass die äussere Begrenzung zwischen Malleus und Incus bedeutend schärfer markiert ist; dass der Stapes noch immer ringförmig ist und dieselbe Lage einnimmt wie im vorigen Stadium.

Die Nebenfacetten des Hammer-Ambossgelenkes, schon bei dem Embryo IV angedeutet, sind jetzt stark markiert. Auch die Sperrzähne sind hier angedeutet.

Embryo VI, 40 mm N.-St.-L.

Dieser Embryo war bei der Obduktion einer Phosphorleiche (mehrere Tage nach dem Tode) gefunden. Als ich ihn zur

Bearbeitung erhielt, war er schon mikrotomiert (in Querschnitte von 10—15 μ). Nach einer Bemerkung über denselben soll er während der Einbettungsprozedur kolossal geschrumpft sein. — Da ich in diesem Fall nicht in der Lage gewesen bin, die Vorbereitungen zu treffen, die für eine genaue Rekonstruktion erforderlich sind und da ich auch nichts hinreichend über die Dicke der Schnitte gewusst, so hat natürlich das Rekonstruktionsbild dieses Stadiums nicht denselben Wert wie die übrigen. Da jedoch die Gewebe, die uns hier interessieren, sich als recht gut erhalten und besonders deutlich begrenzt erwiesen, so habe ich doch — auf die bei den übrigen Stadien gewonnene Erfahrung gestützt — auch diesen rekonstruiert (s. Taf. F Fig. 3 und Taf. C Fig. 11).

Auch der Steigbügel zeigt jetzt Jungknorpelstruktur. — Das Laterohyale befindet sich auf einer histologischen Entwickelungsstufe zwischen Vor- und Jungknorpel. Die Zwischenscheibe zwischen Laterohyale und Labyrinthkapsel besteht aus Vorknorpel; die Zwischenscheibe zwischen Laterohyale und dem Rest des Hyoidbogens ist noch blastematös. Die letztgenannte Scheibe befindet sich am Platz der früheren Y-Teilung. Die Winkelbiegung an dieser Stelle (oder vielleicht richtiger: gleich unterhalb derselben) ist jetzt stärker als vorher (fast ein rechter Winkel). Gerade hier biegt sich der Nervus facialis unter den Bogen an dessen lateraler Seite. Das im vorigen Stadium hier befindliche Rudiment des Interhyale ist nun verschwunden. Dagegen ist das am Stapesring festsitzende Interhyalrudiment (s. Taf. C Fig. 11, Jh.!) noch deutlich. — Das Gewebe in den beiden Fenestrae ist noch dem Blastem am meisten ähnlich.

Der noch ganz kreisrunde Stapes hat seine Lage ein wenig verändert, sodass sein vorderer Schenkel etwas höher liegt als der hintere. Die Arteria stapedialis ist noch deutlich. Der Incus ist nicht wesentlich verändert. — Das Manubrium mallei ist etwas länger geworden; der Processus lateralis ist mehr aus-

wärts gerichtet. Der Processus anterior (Folii) Pr. F., hat ungefähr dieselbe Länge wie im vorigen Stadium, ist aber ein wenig
dicker geworden. Dieser Belegknochen liegt wie im vorigen
Stadium an dem medialen, unteren Rande des Meckelschen
Knorpels (Mc.) und hat gar keine Verbindung mit dem Belegknochen des Unterkiefers, der davon weit entfernt lateral von
dem genannten Knorpel emporragt.

Im Winkel zwischen dem Collum mallei und dem Meckelschen Knorpel liegt im Bindegewebe eine andere, breitere, ebenfalls freie Knochenlamelle. Diese ist etwas gebogen mit der
konkaven Seite aufwärts gegen den Meckelschen Knorpel gerichtet und läuft medial, gleich unter dem vorderen Ende des
Processus Folii, in eine Spitze aus. Wie wir im folgenden
Stadium sehen werden, ist diese Lamelle die erste Knochen-
anlage des Annulus tympanicus (Taf. C, Fig. 11, Ann. t.).

Der Musculus stapedius ist noch nicht angelegt. — Der
Processus perioticus superior (Gradenigo) ist jetzt angelegt
und tritt medial vom oberen Teil des Caput mallei hervor.

Die Stadien V und VI haben also u. a. folgende Ergebnisse
geliefert:

Dass der Processus lateralis mallei zur gleichen Zeit, wo
das Manubrium mehr abwärts gerichtet wird, nach und nach
mehr lateral gerichtet wird.

Dass der Processus Folii als selbständiger Belegknochen —
ohne Zusammenhang mit dem Unterkiefer-Belegknochen — angelegt wird.

Dass der Annulus tympanicus etwas später und auch als selbst-
ständiger Belegknochen des Meckelschen Knorpels angelegt wird.

Embryo VII, ca. 55 mm Sch.-St.-L.

(War zerschnitten, so dass ich nur mit Leitung von der
Grösse des Kopfes und der Extremitäten die angegebene Sch.-St.-L.
berechnen konnte. Es war zuerst in Müllerscher Flüssig-

keit fixiert und dann einige Zeit in 80 % Alkohol aufbewahrt. Selten gutes Material).

Sowohl die Labyrinthkapsel wie die beiden Visceralbogen bestehen aus Jungknorpel. Die Zwischenscheibe zwischen Laterohyale und Labyrinthkapsel ist jetzt verschwunden, d. h. deren Vorknorpel hat sich zu Jungknorpel entwickelt. Die Zwischenscheibe zwischen dem Laterohyale und dem unterhalb desselben liegenden Teil des Hyoidbogens[1]) befindet sich auf einer histologischen Entwickelungsstufe zwischen Blastem und Vorknorpel. Vom Interhyale findet sich kein Rudiment weder am Hyoidbogen noch am Stapesring. Ungefähr von derselben Stelle am Stapesring, wo sich dieses Rudiment früher befand, geht jetzt der (seit dem letzten Stadium angelegte) Musculus stapedius aus der sich lateral abwärts zu einem kleinen Knorpelhöcker streckt. Dieser befindet sich an der Basis der Pars canalium semicircularium ein Stück unter dem Befestigungspunkt des Hyoidbogens (s. Taf. E, Figg. 3 und 6. Pr. st.). Von diesem Knorpelhöcker — den ich Processus Musculi stapedii nennen will — kommt der Muskel also hinter den Nervus facialis an den medialen Rand des Hyoidbogens und setzt sich nachher medial von und parallel mit diesem Nerven zum Stapes hinauf fort. Der Musculus tensor tympani verläuft wie für Stadium IV angegeben. Die dem Insertionspunkte zunächst liegende, medial und aufwärts gerichtete Partie hat eine Länge von 0,125 mm; der vor der Winkelbiegung liegende Teil hat eine Länge von 1,4 mm. Derselbe folgt — gleichwie in den nächst vorhergehenden Stadien — dem oberen, medialen Rande des tubo-tympanalen Raumes; längst nach vorn kommt er doch etwas mehr lateral und geht mit seiner Spitze direkt in einen an der vorderen lateralen Seite der Tuba anfangenden, relativ recht grossen Muskel (M. tensor veli palatini) über.

---

[1]) Für diesen Teil des Hyoidbogens will ich den Namen „Reichertscher Knorpel" reservieren.

Der Stapes ist noch immer fast kreisrund; sein vorderer Schenkel ist jetzt etwas mehr aufwärts gedreht als im vorigen Stadium, sodass man mit Recht von einem vorderen, oberen und einem hinteren, unteren Schenkel sprechen kann. — Die Arteria stapedialis ist in und unter dem Stapesring sichtbar, doch ist sie zum grossen Teil von Blutkörperchen, die in das Bindegewebe übergetreten, verdeckt. Man sieht auch solche in reichlicher Menge im Gewebe rund um den Stapes. — Der in die Fenestra ovalis eingebogene Teil des Annulus stapedialis (Taf. B Fig. 2, B.-St.) ist von der hier jetzt vorknorpeligen Labyrinthkapselwand (Lamina fenestrae ovalis) gut getrennt. Diese scharfe Begrenzung wird hauptsächlich durch die verschiedene Färbbarkeit der beiden Gewebe hervorgerufen; der Jungknorpel ist nämlich bei diesem Embryo durch Hämatoxylin stark gefärbt, während der Vorknorpel — (mit Ausnahme der Kerne) fast ungefärbt ist. Bei stärkerer Vergrösserung sieht man jedoch, dass die Grenze jetzt gewissermassen nicht so scharf wie in den vorher beschriebenen Stadien ist. Man bekommt den Eindruck, als ob hie und da vom Stapesringe einzelne, dunkel gefärbte Zellen sich zwischen die Vorknorpelzellen der Fenestra ovalis eindrängen; da indessen die Schnitte zu dick sind, um eine genauere histologische Untersuchung zu gestatten, kann ich die Möglichkeit nicht ausschliessen, dass diese Zellengrüppchen in loco gebildet sind. — Die Anlage des Ligamentum annulare stapedis (Lig. ann.) ist durch eine blastematöse Zone markiert. Nirgends kann man Bindegewebselemente in diese Zone hineinwachsen sehen. — Die Dicke der Membrana fenestrae ovalis beträgt noch 0,1 mm; die der Steigbügelplatte 0,22 mm. — Die Fenestra rotunda ist jetzt von fibrösem Bindegewebe geschlossen.

Das Crus breve incudis streckt sich rückwärts und nach unten, lateral vom vorderen Teil der Pars canalium semicircularium, an dem es wie vorher durch eine Blastemscheibe befestigt ist. —

Das Crus longum ist an der Spitze etwas aufwärts und nach innen gebogen. Es scheint, als ob diese Biegung gleichzeitig mit der früher beschriebenen Lageveränderung des Steigbügels eingetreten sei (Taf. C, Fig. 10).

Der Malleus ist etwas schlanker als im vorigen Stadium. Das Manubrium ist etwas länger geworden und mehr abwärts gerichtet (Taf. C, Fig. 3). — Der Processus longus (Folii) ist jetzt 0,8 mm lang, hat aber übrigens dasselbe Aussehen und Lage wie im vorigen Stadium (s. Figg. 8—10, Taf. C!). — Die mediale Spitze des Annulus tympanicus (Ann. t.), die sich im vorigen Stadium in der Nähe des vorderen Endes des Processus Folii befand, ist jetzt in einem nach vorn und innen konvexen Bogen heruntergewachsen. Die Spitze befindet sich jetzt gleich über der lateralen Kante des Hyoidbogens (Taf. C, Figg. 8—10). Diese seit dem vorigen Stadium entstandene Partie bildet einen — im Querschnitt runden — ebenen Halbring. Die schon im vorigen Stadium existierende Partie bildet fortdauernd eine Platte, an deren oberen Seite man einen Sulcus (Sulcus malleolaris Henle, Taf. C, Fig. 9, S. m.) sieht, der dem gleich oberhalb liegenden Processus Folii entspricht. Am lateralen Rand dieser Platte ist ein kleiner, aufwärts gebogener Stachel (Spina tympanica posterior Henle); auch das Tuberculum tympanicum anterior ist angedeutet; die Crista spinarum tritt nur wenig hervor. — Im Centrum des Halbkreises, den der Annulus tympanicus auf diesem Stadium bildet, befindet sich das untere Ende des Manubrium mallei (Mn.).

Die Zwischenscheibe zwischen Crus longum Incudis und Stapes besteht noch aus Blastem; so auch die Zwischenscheibe zwischen Malleus und Incus, in deren Mitte man jetzt eine deutliche Spalte sieht. — Zwischen dem Malleus und dem Meckelschen Knorpel[1]) ist wie vorher keine Grenze zu sehen.

[1]) Mit diesem Namen bezeichne ich den nach vorn von Malleus gelegenen Teil des Mandibularbogens

Die Nerven dieses Gebietes haben denselben Verlauf wie in den zuletzt beschriebenen Stadien (s. Taf. C Figg. 8—10), nur mit dem Unterschied, dass der Verbindungspunkt der Chorda tympani mit dem Nervus lingualis (auf den Zeichnungen nicht sichtbar) bedeutend weiter hinunter gerückt ist. Sowohl durch dieses wie durch das vorige Stadium kommt man zu der Auffassung, dass eine Zugeinwirkung der Chorda tympani auf den Nervus facialis den Hyoidbogen zu einer stärkeren Biegung und zu einer ständigen Annäherung an die untere, laterale Ecke der Pars cochlearis zwingt. — Der Processus perioticus superior (Gradenigo) — auf dem Rekonstruktionsbild abgeschnitten — streckt sich jetzt etwas weiter nach vorn als im vorigen Stadium.

Embryo VIII, 70 mm Sch.-St.-L. (Totallänge: 90 mm).

Dieses Stadium zeigt grösstenteils dieselbe histologische Entwickelung wie das vorige. Die Zwischenscheibe zwischen dem Laterohyale und dem Reichertschen Knorpel (dem distalen Teil des Hyoidbogens) ist jedoch verschwunden, d. h. in Jungknorpel verwandelt.

Der Hyoidbogen ist noch näher an die Pars cochlearis gekrümmt und bildet sowohl die laterale wie die vordere Begrenzung des Foramen stylomastoideum primitivum (wenn ich es so nennen darf).

Der vom oberen vorderen Teil der Pars canalium semicircularium hervorragende Knorpelauswuchs, Processus perioticus superior (Gradenigo) hat sich jetzt noch weiter verlängert. Nach vorn geht er medial in eine aus fibrillärem Bindegewebe gebildete Platte über und bildet zusammen mit dieser das Tegmen tympani.

Der Steigbügel hat angefangen seine definitive Form anzunehmen (Taf. F Figg. 4 und 5), ist jedoch relativ breiter als nachher. Das Caput ist angedeutet und der an die Labyrinthkapsel stossende Teil des Ringes ist nicht mehr gebogen. Diese

Steigbügelplatte ist jetzt nicht wie die Crura im Querschnitt kreisrund, sondern von aussen nach innen etwas zusammengedrückt (Fig. 3, Taf. B). Die Dicke beträgt jetzt nur 0.2 mm. Der mediale, am meisten abgeplattete Rand hängt mit der Labyrinthwand innig zusammen. Die Grenze zwischen ihnen wird doch noch von einer einfachen Schicht von Zellen, die im Schnitte spindelig sind, deutlich markiert (s. Taf. B Fig. 3). Diese Zellenschicht geht oben und unten in das Perichondrium des Stapesringes über. Das von der Labyrinthkapsel stammende Gewebe im ovalen Fenster ist besonders mitten vor der Stapesanlage noch mehr verdünnt (Dicke: 0,02 mm). Seine innerste Zellenschicht hat dasselbe Aussehen wie das Perichondrium an der inneren Seite der Labyrinthkapsel. Seine äussere, gegen den Stapesring stossende Zellenschicht hat ungefähr das Aussehen von Vorknorpel; nur an der Peripherie des ovalen Fensters hat es ein mehr blastematöses Aussehen (Lig. ann.). Keine Bindegewebsstreifen sind hier zu entdecken.

Der Musculus stapedius ist noch ein gerader, spindelförmiger Muskel; er verläuft jetzt etwas mehr gerade rückwärts, was auf einer Verschiebung des Steigbügels nach aussen zu beruhen scheint.

Die Arteria stapedialis ist atrophiert; an ihrem früheren Platze sieht man jetzt einen Bindegewebsstrang durch den Stapes laufen.

In der Mitte der Zwischenscheibe zwischen Capitulum stapedis und Crus longum incudis sieht man an einigen Punkten schwache Andeutungen einer Berstung. Das Crus longum incudis ist etwas mehr als im vorigen Stadium mit seinem unteren Ende gegen den Stapes gebogen. Wie vorher hängt das Crus breve durch eine blastematöse Zwischenscheibe mit der Labyrinthkapselwand zusammen. Zwischen Malleus und Incus ist durch Berstung in der Zwischenscheibe eine Gelenkhöhle entstanden. Der Sperrzahn des Ambosses tritt jetzt deutlicher hervor.

Der Hammer ist seit dem letzten Stadium etwas länger geworden. Der Processus Folii ist jetzt etwas dicker und misst jetzt 0,94 mm in der Länge. Der Sperrzahn von Helmholtz ist deutlicher als vorher entwickelt. — Ungefähr in gleicher Höhe mit dem Processus lateralis sieht man an der medialen Seite des Manubrium einen deutlichen Processus muscularis (Taf. F Fig. 4 Pr. m). Von diesem erstreckt sich die Sehne des M. tensor tymp. medial aufwärts in die Nähe der Pars cochlearis um hier in den Muskel selbst überzugehen, der mit der Sehne einen fast rechten Winkel bildend nach vorn und unten läuft. Diese Winkelbiegung wird jetzt von Bindegewebsfasern fixiert, die sich vom medialen Rand des Processus perioticus sup. bis zur Pars cochlearis erstrecken. Aussehen und Verlauf des Muskels stimmen mit dem vorigen Stadium überein. Die direkte Verbindung mit dem Musculus tensor veli palatini scheint jedoch nicht mehr vorhanden.

Der Annulus tympanicus ist bedeutend dicker geworden und seine Spitze ist aufwärts gewachsen, sodass ungefähr $^3/_4$ des Ringes jetzt angelegt sind. Der Sulcus tympanicus ist an dem herabsteigenden Schenkel angedeutet.

Embryo IX. 180 mm (Totallänge).

Die Intercellularsubstanz des Jungknorpels ist jetzt etwas reichlicher.

Der Processus perioticus superior (Gradenigo) bildet jetzt eine breite, dünne, nach unten und innen geneigte Platte, die sich unmittelbar oberhalb der Gehörknöchelchenanlagen vorwärts und nach unten streckt. Seine mediale Hälfte hört am vorderen Rande des Caput mallei auf; seine laterale Hälfte setzt sich oberhalb des Meckelschen Knorpels (und in derselben Richtung wie dieser) etwas weiter nach vorn fort. Dieser Auswuchs ist, wie wir wissen, die Knorpelanlage des Tegmen tympani. Das Dach wird medial — hier wie im vorigen Stadium — von einer Bindegewebsmembran gebildet, die sich gleich über dem ovalen

Fenster an der Pars cochlearis befestigt. — Die gleich vor
der Umbiegungsstelle des Nervus facialis liegende Partie des
Hyoidbogens ist noch mehr medialwärts gezogen, sodass sie
jetzt an der Pars cochlearis anliegt. — Der Hyoidbogen besteht überall aus Jungknorpel, der ohne Grenze in die Pars
can. semicirc. übergeht. Der Teil, der die laterale Begrenzung
des Foramen stylomastoideum primit. bildet und in dem wir
das Laterohyale erkennen, ist bedeutend (fast doppelt) dünner
als der Reichertsche Knorpel. Letzterer, der sich weiter nach
vorn wieder verschmälert, hat dasselbe Aussehen wie der von
Politzer (65) beschriebene Processus styloideus und ist gewiss
damit identisch.

Das Foramen stylomastoideum primit. ist von Nervus facialis,
Musculus stapedius, Arteria und Vena stylomastoidea und Bindegewebe ausgefüllt.

Der Steigbügel hat seine definitive Form weiter entwickelt
(Figg. 6 u. 7, Taf. F). Er ist höher geworden; sein vorderer
oberer Schenkel ist kürzer und mehr gerade, der hintere etwas
länger und mehr gebogen. Die Fussplatte ist etwas dünner als
zuvor (Dicke: 0,19 mm) und streckt sich etwas aussenhalb der
Befestigungspunkte der Crura (Fig. 4 Taf. B). Am unteren Rande
der Fussplatte sieht man jetzt eine deutliche Einkerbung; der
obere Rand ist convex. Das ursprüngliche Gewebe der Fenestra
ovalis ist auf eine dünne Zellenschicht (Lam. fen. ov.) ungefähr von demselben Aussehen und derselben Dicke (0,01 mm) wie
das Perichondrium der Labyrinthkapsel reduziert. Seitwärts von
der Fussplatte geht diese Zellenschicht in die Anlage des Ligamentum annulare stapedis (Lig. ann.) über, die ungefähr halb
so dick ist wie die Fussplatte und noch aus Zellen besteht, die
Blastemzellen am meisten ähnlich sind. Man sieht nirgends
Bindegewebe hier hineindringen. — Das Capitulum stapedis, das
(noch deutlicher ist als im letzten Stadium, hat eine konkave Gelenkfläche für das untere Ende des Crus longum incudis. —

Jede Spur der Arteria stapedialis ist verschwunden, Durch das lockere, embryonale Bindegewebe zwischen den Stapesschenkeln ziehen nur einige Kapillaren. Verlauf und Aussehen des Musculus stapedius sind wie im vorigen Stadium. —

Der Processus lenticularis — wenn wir ihn so nennen wollen, obgleich er noch keinen Knopf hat — ist deutlicher geworden als im letzten Stadium (Figg. 8 u. 9 Taf. F). Er ist mit einer konvexen Fläche am Stapeskopf eingelenkt. Nur durch den Angulus ist er von dem Crus longum incudis abgegrenzt. Die mediale Seite des Crus breve incudis hängt an der Spitze noch immer durch eine Blastemscheibe mit der Labyrinthkapsel zusammen. Die Gelenkkapsel des Hammer-Amboss-Gelenkes ist jetzt bindegewebig angelegt; so auch die des Amboss-Steigbügel-Gelenkes.

Der Hammer ist bedeutend in die Länge gewachsen und folglich schlanker geworden (Figg. 10 u. 11 Taf. F). Dieses Längenwachstum hat besonders den Kopf betroffen, weshalb der Ausgangspunkt des Meckelschen Knorpels ein ansehnliches Stück heruntergerückt scheint. Das untere Ende des Manubrium mallei ist fast gerade nach unten gerichtet. Der Processus longus (Folii) ist sowohl in die Länge wie in die Dicke gewachsen; er ist mit dem Malleus noch immer nur durch Bindegewebe verbunden. Der Processus lateralis (Pr. l.) ist scharf markiert; dagegen giebt es keinen Processus muscularis, sondern der Musculus tensor tympani inseriert auf einer ebenen Fläche. Der Verlauf des Muskels stimmt mit dem bei dem vorigen Stadium beschriebenen überein. Der vordere Teil des zwischen dem Proc. perioticus superior und der Pars cochlearis ausgespannten Bindegewebsmembran sendet einen bedeutenden Teil seiner Fasern unter die Muskelsehne (Fig. 5 S) und fixiert dadurch die Winkelsbiegung derselben. Wo sich die Fasern dieses Ligamentum trochleare (Lig. tr.), wie ich es nennen will, an der Pars cochlearis befestigen, sieht man einen — seit dem vorigen

Stadium entwickelten — lateralen Knorpelauswuchs (Fig. 5 a).
Lateral und etwas hinter dem Befestigungspunkte des Meckel-
schen Knorpels ist am Hammer eine seichte Vertiefung im
Knorpel sichtbar, die von parallel mit der Längenachse des

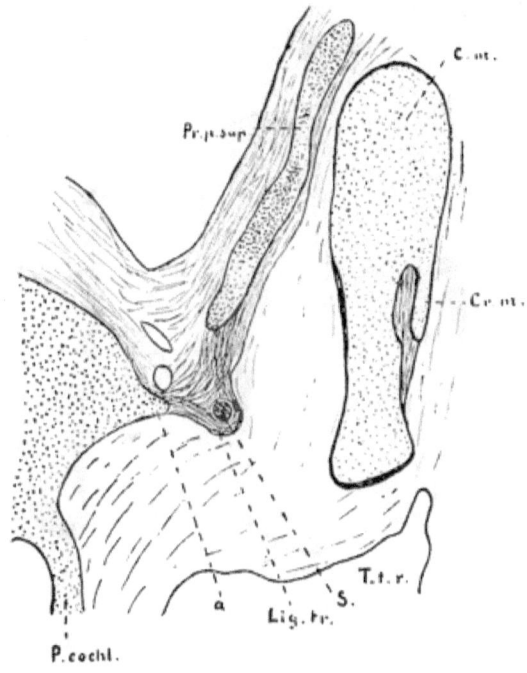

Fig. 5. $^{26}/_1$.

C. m. Caput mallei, Cr. m. Crista mallei, Pr. p. sup. Processus perioticus superior, T-t. r. Tubotympanales Kamm, S. Sehne des Musc. tens. tymp., Lig. tr. Ligamentum trochleare, P. cochl.
Pars cochlearis der Labyrinthkapsel.

Hammers verlaufenden Bindegewebsfasern ausgefüllt ist, welche
oben und unten in das Perichondrium übergehen (Fig. 6 A).
Diese Vertiefung wird nach hinten immer tiefer und ist nach
oben durch einen scharfen Kamm (Cr. m.) begrenzt. Weiter
hinten wird dieser Kamm, so zu sagen, von Bindegewebe unter-

graben, sodass er länger, dünner und nach unten gerichtet wird (Fig. 6. B). Noch weiter hinten wird der Kamm wieder allmählich kleiner (Fig. 6. C), um mitten unter dem Sperrzahn zu enden. Dieser Kamm, der, wie das Rekonstruktionsbild (Taf. F Fig. 11) zeigt, schräg nach hinten, abwärts und medial verläuft, ist die Anlage der Crista mallei. Das Ligamentum

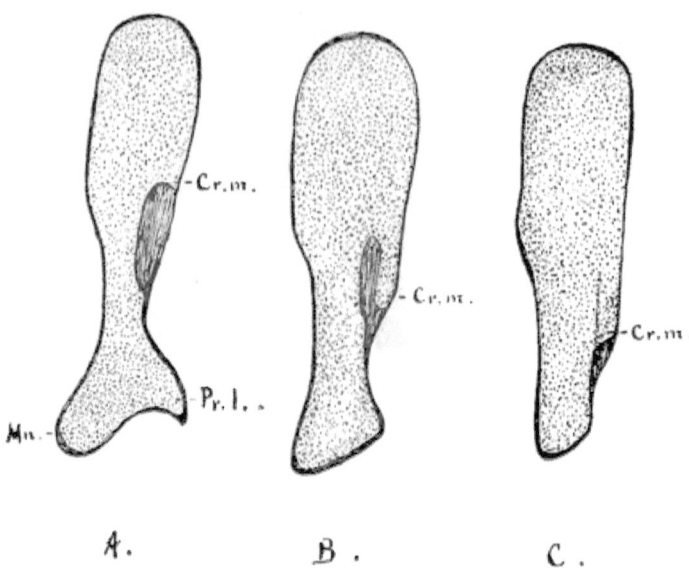

Fig. 6.
Cr. m. Crista mallei, Pr. l. Processus lateralis, Mn. Manubrium.

mallei externum ist noch nicht angelegt. — Der Meckelsche Knorpel hat angefangen dünner zu werden. Die Peripherie desselben ist durch fibrilläres Bindegewebe ersetzt. — Die Verknöcherung der Gehörknöchelchenanlagen hat noch nicht begonnen.

Der Annulus tympanicus ist jetzt fertig entwickelt. Das laterale Endstück (der aufsteigende Schenkel), das zuletzt angelegt worden ist, ist ganz dünn und im Querschnitt kreisrund; die älteren Partien sind recht bedeutend in die Dicke gewachsen und sind im Querschnitt sichelförmig d. h. der Sulcus tympanicus ist hier entwickelt.

Von den Stadien VII, VIII und IX lässt sich u. a. schliessen:

Dass der Steigbügel sich allein aus dem vom Hyoidbogen stammenden Stapesring bildet.

Dass das mitten vor dem Stapesring liegenden Gewebe der Fenestra ovalis eine fast vollständige Atrophie erleidet, sodass es nur in Form eines dünnen Perichondriums zurückbleibt, und dass zu derselben Zeit die Steigbügelanlage ihre definitive Form anzunehmen beginnt.

Dass sich Spuren der Arteria stapedialis noch bei Embryonen von 9 cm Totallänge nachweisen lassen.

Dass bei Embryonen von 18 cm Totallänge keine Bindegewebsstreifen in die Anlage des Ligamentum annulare baseos stapedis hineingewachsen sind.

Dass die Crista mallei nicht wie die übrigen Ausläufer der Gehörknöchelchen blastematös angelegt wird, sondern durch Resorption des unmittelbar unter ihr belegenen Knorpels gebildet wird.

Dass der Musculus tensor tympani, der wahrscheinlich von Anfang an mit dem Musculus tensor veli palatini in Verbindung steht, schon bei einem Embryo von 3 Monaten aus dieser gelöst sein kann.

Dass sich einige Fasern aus dem membranösen Teile des Tegmen tympani unter die Sehne des M. tensor tymp. ziehen und so die Winkelbiegung derselben fixieren.

Dass sich der Annulus tympanicus als ein einheitliches Stück verknöchert, das am Ende wächst.

Dass der Processus styloideus Politzer nicht das oberste Ende des Hyoidbogens, das Laterohyale, einfasst.

6*

Embryo X, 210 mm Total-L.

In der Labyrinthkapsel hat die Verknöcherung angefangen und ist schon recht weit fortgeschritten. Der grösste Teil der Pars canalium semicircularium ist verknöchert. In der Nähe der Befestigungsstelle des Hyoidbogens besteht sie jedoch noch aus Knorpel. Die Pars cochlearis besteht im vorderen, lateralen Teil noch aus Knorpel, im übrigen ist sie verknöchert. Im medialen Teil des Processus perioticus sup. ist auch Verknöcherung eingetreten. Der membranöse Teil des Tegmen tympani ist stärker geworden und nach vorn von der Umbiegungsstelle der Tensorsehne in eine obere und eine untere Schicht geteilt, zwischen denen der Musculus tensor tymp. eingebettet ist.

Der Steigbügel besteht zum grössten Teil aus Knorpel; in der Mitte des hinteren Schenkels hat die Ossifikation angefangen. Ebenso verhält es sich mit dem Steigbügel der entgegengesetzten Seite, den ich nach Maceration in Kalilauge hervorpräparierte. (S. Taf. D Fig. 18.) (Doch muss ich dieses Verhältniss als Ausnahmefall bezeichnen, da mein übriges Material von der Verknöcherungsperiode zeigt, dass in der Regel das Ossificationscentrum des Steigbügels in der Basis liegt. Die Basis stapedis hat wieder an Dicke bedeutend zugenommen. (S. Fig. 7 Taf. B!) — Im Spatium intercrurale verlaufen nur einige Capillaren.

Vom Incus ist der grösste Teil des Crus longum und der diesem zunächst liegende Teil des Corpus verknöchert. Der unterste Teil des Crus longum (die Partie an und unterhalb des Angulus) besteht noch aus Knorpel. Der Processus lenticularis hat jetzt eine knopfförmige Anschwellung an der Spitze.

Das Collum mallei ist verknöchert, und der Processus longus (Folii) steht jetzt mit demselben in direkter (knöcherner) Verbindung. Etwas weiter nach hinten von dieser Stelle sieht man die Verknöcherung sich aufwärts gegen die Mitte und die mediale Seite des

Caput mallei strecken. Am Malleus von der andern Seite desselben Embryos (die nach der Kaliglycerinmethode Schultzes behandelt wurde) sah es anfangs aus, als ob sich im oberen, medialen Teil des Caput ein besonderer Ossifikationspunkt vorfände. Nachdem das Präparat recht durchsichtig geworden, sah man jedoch deutlich, dass im Innern eine Knochenverbindung zwischen diesem Teil und dem Knochenkern im Collum existierte (vgl. Figg. 12 und 13 Tafel C). Dass diese Verbindung meistens vom Knorpel an der Oberfläche verdeckt ist, ist wahrscheinlich der Grund gewesen, weshalb man geglaubt, dass die Ossifikation des Malleus von zwei Punkten ausginge. — Das Manubrium mallei hat nur einen schwach angedeuteten Processus muscularis. Die gerade medial verlaufende Muskelsehne ist von einer Bindegewebsscheide umgeben, deren Fasern sich an der Labyrinthkapsel und dem membranösen Teil des Tegmen tympani befestigen. In einem Fache dieses membranösen Teils ist — wie gesagt — der Muskel selbst eingelagert. Der obere hintere Rand der Bodenlamelle dieses Faches bildet an der Umbiegungsstelle des Muskels das Ligamentum trochleare.

Der zusammenhängende Teil des Hyoidbogens besteht noch durch und durch aus Knorpel.

Embryo XI. 240 mm Total-L.

Die Labyrinthkapsel ist fast ganz verknöchert; die an die Fussplatte des Steigbügels und an das Crus breve incudis stossenden Partien, sowie der laterale Teil des Proc. perioticus superior bestehen jedoch noch aus Knorpel. Der mediale Teil des Proc. perioticus sup. sowie der früher membranöse Teil des Tegmen tympani sind dagegen zum grössten Teil verknöchert. Nur der der Pars cochlearis am nächsten liegende Teil besteht noch aus Bindegewebe. Der Umbiegungsstelle der Tensorsehne gegenüber fängt diese unverknöcherte Bindegewebsmembran an nach vorn in Breite zuzunehmen. Zugleich sieht man, wie sie sich in eine distinkte obere und untere Schicht teilt, zwischen denen der Musculus tensor tympani eingebettet ist. Der hintere Rand der unteren Bindegewebslamelle bildet das Ligamentum trochleare, hinter dem sich die Muskelsehne umbiegt und sich mit dem Muskel vereint.

Der Steigbügelkopf und die diesem zunächst liegende Hälfte der Schenkel bestehen noch aus Knorpel; der übrige Teil der Schenkel und die Platte — mit Ausnahme der Kanten und der an die Labyrinthkapsel stossenden Fläche — sind dagegen verknöchert. Die Stapesschenkel sind im Querschnitt kreisrund und mehr als doppelt so dick wie beim Erwachsenen. Der verknöcherte Teil der Fussplatte ist auch dicker als bei dem Erwachsenen. Er ist im Querschnitt triangulär, mit der Basis gegen die Labyrinthkapsel und der Spitze gegen das Spatium intercruale gerichtet.

Die Anlage des Ligamentum annulare baseos stapedis besteht noch aus zellenreichem Gewebe, das allmählich in den Knorpel an der Stapesplatte und an der inneren Seite des ovalen Fensters übergeht. Die Zellen der Ligamentanlage sind aber jetzt in Spindelzellen verwandelt. (S. Fig. 6 Taf. B.)

Im Bindegewebe zwischen den Crura stapedis verlaufen mehrere Gefässe, von denen eins relativ recht gross ist und, so weit wie ich ihm habe folgen können, einen der Arteria stapedialis entsprechenden Verlauf zeigt. Leider konnte ich aber an meinen Schnitten (die dazu zu klein waren) dies Gefäss nicht bis zu seiner Einmündungsstelle in ein grösseres, mit Gewissheit zu erkennendes verfolgen.

Der Amboss ist zum grössten Teil verknöchert. Die der Gelenkfläche gegen den Malleus zunächst liegende Partie, der ganze Processus lenticularis und die Spitze des Crus breve bestehen jedoch noch aus Knorpel. Der Processus lenticularis bildet gegen den übrigen Teil des Crus longum einen rechten Winkel; seine Spitze ist knopfförmig verdickt und bildet die

Gelenkpfanne in dem Amboss-Steigbügelgelenk. — Das Crus breve steht mit der Labyrinthkapsel durch eine blastemähnliche Zwischenscheibe in Verbindung. Die Peripherie dieser Scheibe zeigt eine fibrilläre Struktur.

Der Hammerkopf hat an Dicke zugenommen und ist jetzt mehr kugelig geworden. Die Crista mallei ist etwas mehr auswärts gerichtet. Hals und Kopf sind — mit Ausnahme der an das Hammer-Ambossgelenk stossenden Partie, die aus Knorpel besteht — verknöchert. Das Manubrium, der recht lange Processus lateralis und der nur schwach angedeutete Processus muscularis bestehen gleichfalls aus Knorpel. Der Processus longus (Folii), der noch mehr gewachsen ist, steht — gleichwie im vorigen Stadium — in Knochenverbindung mit dem Hammerhalse. Der Meckelsche Knorpel ist, besonders von der einen Seite zur anderen noch mehr verdünnt. Von der Stelle aus, wo er sich mit dem Hammer vereint, kann man einige Schnitte rückwärts an der medialen Seite des letzteren einer knorpeligen sich schnell verschmälerndern Fortsetzung des Meckelschen Knorpels folgen.

Die Sehne des Musculus tensor tympani verläuft medial in gerader Richtung zum Muskel. Die äussersten Fasern gehen jedoch nicht zu diesem über, sondern befestigen sich teils am medialen Rande des Tegmen tympani, teils an der Pars cochlearis. Die eigentliche Sehne ist also gleichwie der Muskel von einer Bindegewebsscheide umgeben. Diese Sehnenscheide ist mit dem von Toynbee (58) beschriebenen „Tensor ligament" identisch. — In der Muskelscheide ist noch keine Verknöcherung eingetreten.

In gleicher Höhe mit dem Processus lateralis geht von der medialen Seite des Malleus und mit einigen Fasern von der Unterseite des proximalen Endes des Processus longus ein durch dunklere Färbung gut begrenztes Bindegewebsbündel aus. Es passiert rückwärts und abwärts gleich unter der Tensorsehne, mit deren Scheide es verbunden ist, läuft zwischen Manubrium mallei und Crus longum incudis, um sich an der hinteren, lateralen Wand der Paukenhöhle zu befestigen. Wahrscheinlich ist dieses Ligament mit dem von Schäfer (49) beschriebenen „Inferior ligament of the malleus" identisch.

Embryonen XII — XV. (Total-Längen: 200, 250, 260 und 280 mm resp.)

Sie zeigen alle, gleichwie die Stadien X und XI, dass die Verknöcherung der Gehörknöchelchenanlagen sich in keiner Weise von dem gewöhnlichen Verknöcherungsvorgang bei knorpel-präformierten Knochen unterscheidet.

Embryonen XVI — XXVII. (Total-Längen: 185, 190, 195, 205, 210, 215, 220, 225, 240, 250, 260 und 290 mm resp.)

Nach Schultzes Kaliglycerinmethode (67) behandelt, bilden die herauspräparierten Gehörknöchelchen dieser Embryonen ein gutes und sicheres Material zum Beurteilen der Fortschritte der Verknöcherung.

Die folgende Tabelle (s. S. 595 u. 596!) zeigt die Grössen- und Lageverhältnisse der Ossifikationspunkte bei diesen Embryonen:

Embryonen XXVIII—XXX.
(Total-Längen: 290, 320 und 500 mm resp.)

Die Gehörknöchelchen dieser drei Embryonen habe ich durch gewöhnliche Maceration freigelegt; ich bilde Stadd. XXIX und XXX in der Taf. F Figg. 12 u. 13 zusammen mit den Gehörknöchelchen eines erwachsenen Mannes in natürlicher Grösse ab, um die Grössenverhältnisse nach der Verknöcherung zu zeigen. — Da die Formenverhältnisse schon vorher mit den definitiven ganz nahe übereinstimmen, so ist über diese nur wenig zu sagen.

Bei dem Embryo XXVIII bestehen die untere Hälfte des Manubrium mallei und die äusserste Spitze des Processus late-

Embr.-Nr.	Länge mm	Der Hammer	Der Amboss	Der Steigbügel
XVI	185	Hat ein kleines Ossifikationscentrum im Collum.	Hat ein kleines Ossifikationscentrum im oberen Teil des Crus longum.	Hat noch kein Ossifikationscentrum.
XVII	190	.	Hat ein etwas grösseres Ossifikationscentrum im Cruslongum. Siehe Fig. 1 Taf. D.	.
XVIII	195	Die Verknöcherung beginnt in den Kopf hinauf zu steigen. Siehe Fig. 12 Taf. C.	Die Verknöcherung ist sowohl aufwärts wie abwärts weiter fortgeschritten. Siehe Fig. 2 Taf. D.	.
XIX	205	Das ganze Collum und Caput mit Ausnahme der Partie zunächst an der Gelenkfläche sind verknöchert.	Die Verknöcherung ist bis zur Winkelbiegung des Cruslongum und quer durch den Corpus fortgeschritten. Siehe Fig. 4 Taf. D.	Die Basis (mit Ausnahme der medialen Seite und der Kanten) und die mediale Hälfte des hinteren Schenkels sind verknöchert. S. Fig. 13 Taf. D.
XX	210	Verknöcherung in Collum und Caput.	und S. Fig. 5 Taf. D.	Ein kleines Ossifikations-centrum in der Basis. S. Fig. 9 Taf. D.
XXI	215	Die Verknöcherung wie beim Embr. XIX.	Die Verknöcherung wie beim Embr. XIX.	wie S. Fig. 11 Taf. D

Embr.-Nr.	Länge mm	Der Hammer	Der Amboss	Der Steigbügel
XXII	220	S. Fig. 13 Taf. C.	S. Fig. 3 Taf. D.	Verknöcherung in der Basis.
XXIII	225	Verknöcherung wie beim Embr. XIX.	Verknöcherung wie beim Embr. XIX.	*
XXIV	240	S. Fig. 14 Taf. C.	S. Fig. 6 Taf. D.	S. Fig. 10 Taf. D.
XXV	250	Verknöcherung wie beim Embr. XXIV.	Verknöcherung wie beim Embr. XXIV.	Verknöcherung wie beim Embr.
XXVI	260	Die Verknöcherung beginnt in das Manubrium hinabzusteigen.	*	S. Fig. 12 Taf. D.
XXVII	290	Caput, Colium und die obere Hälfte des Manubrium sind verknöchert.	Die Verknöcherung ist in den Processus lenticularis fortgeschritten.	Auch das Capitolum ist jetzt verknöchert.

ralis noch aus Knorpel und sind deshalb an dem Macerations-
präparat zerstört. (S. Fig. 15 Taf. C!) Der Proc. longus (Folii)
bildet einen leicht lateralwärts gekrümmten, etwas mehr als
3 mm langen Knochenfortsatz. Die Schenkel des Steigbügels
(s. Fig. 14 Taf. D!) sind ca. doppelt so dick wie bei dem
Erwachsenen (Fig. 17). Sie sind im Querschnitt halbkreisförmig
mit der geraden Linie gegen das Spatium intercrurale liegend.
Ein Sulcus stapedis ist also noch nicht entwickelt. Dagegen
hat die Fussplatte jetzt ihre definitive Dicke. An derselben ist
die Crista stapedis schwach angedeutet. — Der hintere Teil
der Pars membranacea tegminis tympani mit dem Semicanalis
pro tensore tympani ist jetzt verknöchert.

Bei dem Embryo XXIX ist der ganze Hammer mit Ausnahme der Spitze des Griffes verknöchert. Der Processus longus
hat dieselbe Länge wie beim letztbesprochenen Embryo, ist
aber gerader. Der Processus lenticularis incudis hängt durch
eine kurze und sehr dünne Knochenverbindung mit dem Crus
longum zusammen.

Die Peripherie des Steigbügels zeigt die gleiche Grösse wie
im vorigen Stadium, die beiden Crura sind aber und zwar besonders im unteren Teil bedeutend dünner geworden, sodass das
Loch zwischen ihnen beträchtlich vergrössert ist. Der Sulcus
stapedis ist jetzt deutlich. (S. Fig. 15 Taf. D!) — Das ganze
Tegmen tympani mit dem Semicanalis pro tensore tympani, die
Eminentia styloidea und das Ligamentum Musculi stapedii sind
jetzt verknöchert.

Bei dem Embryo XXX haben auch Malleus und Incus ihre
definitive Grösse erreicht. Der Malleus ist in derselben Ausdehnung wie beim Erwachsenen (vergl. Figg. 16 u. 17 Taf. C!)
verknöchert. Der Processus longus stimmt in Länge und Aussehen mit dem vorigen Stadium überein. — Das Crus longum
incudis ist im unteren Teile etwas dicker als bei dem Erwachsenen.

(Vergl. Figg. 7 u. 8 Taf. D!) — Die Stapesschenkel haben auch im oberen Teil ihre definitive Dicke angenommen (S. Fig. 16 Taf. D!).

Aus den Stadien X—XXX hat sich also u. a. ergeben:

Dass die Ossifikation des Steigbügels, welche gewöhnlich bei Embryonen von ca. 21 cm beginnt, von einem einzigen Centrum ausgeht, das in der Regel in der Basis liegt; dass von hier aus die Ossifikation allmählich die Schenkel hinauf bis zum Capitulum schreitet.

Dass eine in derselben Ordnung fortschreitende Resorption der gegen das Spatium intercrurale liegenden Knochenpartien dem anfangs klumpigen Steigbügel während der letzten Periode des intrauterinen Lebens seine definitive Gestalt giebt.

Dass der Knopf des Processus lenticularis erst, nachdem ein Teil des langen Ambossschenkels schon ossifiziert hat, gebildet wird; dass dieser Processus kein besonderes Ossifikationscentrum hat.

Dass die Ossifikation des Ambosses gewöhnlich bei Embryonen von ca. 19 cm beginnt und von einem einzigen Punkte im oberen Teil des langen Schenkels ausgeht.

Dass die als Knorpel präformierte Hammeranlage auch nur einen Ossifikationspunkt hat; dass dieser im Collum mallei liegt und bei Embryonen von ca. 19 cm zuerst auftritt; dass der Processus longus (Folii) bei der Entstehung dieses Knochenkerns in direkte knöcherne Verbindung mit dem Hammer tritt.

Dass die Gehörknöchelchen auf dieselbe Weise wie jeder andere als Knorpel präformierte Knochen ossifizieren. Dass die Bindegewebsscheiden der Gehörknöchelchen-Muskeln erst Ende des 6. Monats verknöchern.

Litteraturkritik.

Dass die Verfasser, die zuerst auf diesem Gebiete Untersuchungen vornahmen, zu so streitigen Resultaten in betreff
des Entstehens der Gehörknöchelchen kamen, darf uns, wenn
wir die unvollkommenen Arbeitsmethoden jener Zeit in Betracht
nehmen, nicht wundern. Und es kann nur durch ein gewisses
Ahnungsvermögen im Verein mit weit getriebener Präparations-
kunst Reichert (45) geglückt sein, uns schon 1837 eine annähernd
richtige Schilderung des Ursprunges und der ersten Entwickelung der Gehörknöchelchen zu geben.

Die späteren Autoren, denen bessere Untersuchungsmethoden
zu Gebot standen, sind, wie wir gesehen, über den Ursprung
der Gehörknöchelchen sehr uneinig gewesen, ja einzelne sind
mit sich selbst uneins geworden und haben zu verschiedenen
Zeiten direkt entgegengesetzte Ansichten verfochten. Da dies
sogar mit Männern wie Huxley und Parker der Fall war,
gewinnt man leicht den Eindruck, diese Frage müsse zu den
am schwersten zu lösenden Problemen der Entwickelungsgeschichte gehören.

Die wichtigsten Ursachen des Entstehens der vielen verschiedenen Meinungen sind wohl entweder darin zu suchen, dass die
Verfasser mit vorgefassten Meinungen, die sie aus der noch
nicht abgeschlossenen vergleichenden Anatomie geholt, an ihre
Arbeit herangetreten sind; oder auch darin, dass das Material,
das ihnen zu Gebot stand, nicht hinreichend war; oder schliesslich darin, dass sie sich technisch unvollkommener Arbeitsmethoden bedienten.

Parker (39), der während 12 Jahren aus komparativ anatomischen Gründen die Ansicht vertreten, dass der Malleus seinen
Ursprung vom Mandibularbogen, der Incus vom Hyoidbogen und
der Stapes von der Labyrinthkapsel nimmt, kehrt 1886 (40) reu-
voll zu der alten Reichertschen Meinung zurück. — Mittlerweile

war jedoch sein Jünger Fraser (13) durch — wie es Dreyfus (10)
wohl mit Recht annimmt — Auctoritätsglauben zu derselben
merkwürdigen Meinung über den Incus-Ursprung gekommen.
Den Ursprung des Stapes betreffend schloss Fraser sich
Salensky (47) an.

Es ist Salenskys letzter Aufsatz (47), der in unserer Lehrbuchslitteratur eine so grosse Rolle gespielt. — Sein grosses
Verdienst ist, dass er bei Embryonen (von Schaf und Schwein)
die Existenz der Arteria stapedialis — die er weniger passend
A. mandibularis nennt — gezeigt und den Kausalzusammenhang
zwischen diesem Gefäss und der Ringform des Steigbügels auf-
gedeckt hat. Früher glaubte man, dass die Intercrurallücke durch
Resorption im Knorpel entstehe. — Diese Arbeit zeigt aber
auch viele und grosse Mängel.

Was nun zuerst seine Arbeitsmethode betrifft, die, wie früher
erwähnt, hauptsächlich in makroskopischer Präparation mit Nadeln
bestand, so muss diese beim Studium des Entstehens der Gehörknöchelchen noch unverlässiger sein als irgendwo sonst. Wir
haben ja gesehen, wie sich die verschiedenen Teile der Gehörknöchelchenanlagen in den ersten Entwickelungsstadien auf ganz
verschiedenen histologischen Ausbildungsstufen befinden. So
sehen wir z. B. wie in einem Stadium der ganze Stapes, Manubrium mallei und Crura incudis aus Blastem bestehen, während
sich im Corpus incudis ein kugeliger Vorknorpelkern und in
der übrigen Partie des Mandibularbogens ein anderer, cylin-
drischer befinden. Macht man sich nun daran, bei diesem Stadium
die Gehörknöchelchenanlagen makroskopisch hervorzupräparieren,
so wird natürlich das Resultat, dass man die bedeutend weicheren blastematösen Partien wegpräpariert und so vom ganzen
Mandibularbogen nur einen cylindrischen Stab mit einer Einkerbung zwischen den beiden Vorknorpelkernen erhält; vom
Stapesring und dessen Verbindung mit dem Hyoidbogen (dem
Interhyale) bleibt nach der Dissektion nichts übrig.

So sind augenscheinlich die von Salensky gelieferten Bilder der frühzeitigeren Gehörknöchelchen (s. seine Fig. 2, 3 u. 4) zu stande gekommen. Sie sind also reine Kunstprodukte; es ist die höchste Zeit, dies aus der Lehrbuchs-Litteratur zu entfernen. — Merkwürdig ist jedoch das grosse Vertrauen, das Salensky selbst für diese Präparationsmethode hegt. „Die Untersuchung der Entwickelung der Gehörknöchelchen," sagt er, „kann auf den Querschnitten, sowie an den präparierten Embryonen untersucht werden und zwar giebt die Präpariermethode des ganzen Knorpels für die Untersuchung der Entwickelung von Hammer und Amboss viel bessere Resultate als die Querschnittsmethode" (l. c. S. 423). Und doch sagt er gleich nachher: „Selbst an den gefärbten Präparaten treten die Grenzen der Knorpel nicht sehr scharf hervor und das die Knorpel umhüllende embryonale Bindegewebe kann nicht vollkommen entfernt werden" (l. c. S. 424). — Wie Fraser[1] u. a. hervorheben, begeht Salensky den grossen Fehler, die Vena jugularis primit. als Arteria carotis interna zu beschreiben und abzubilden. (S. seine Fig. 1!) (In seiner vorläufigen Mitteilung (46) nennt er sie bald Carotis externa bald Carotis interna!) Und von diesem Gefäss lässt er seine Arteria mandibularis (A. stapedialis) sich abwärts durch den Stapesring strecken. Ziehen wir hieraus die Konsequenzen, so sollte also keine Arterie, sondern eine Vene die Perforierung des Steigbügels veranlassen. Spätere Verfasser, die Salenskys Irrtum bemerkt, bezeichnen doch dieses Gefäss noch als eine Arterie, die von der wirklichen Arteria carotis interna kommt. Aus meiner Stadienbeschreibung ergiebt sich, dass sie hierin Recht haben. Daraus lässt sich auch eine Erklärung für den anderen Irrtum Salenskys (die Arteria stapedialis von der Vena jugularis ausgehen zu lassen) finden. Nachdem die Arteria stapedialis das Stapesblastem durchlaufen, kommt sie nämlich

---

[1] Fraser beging jedoch selbst den eben so grossen Fehler auf seinen Abbildungen den Meckelschen Knorpel V. jugularis zu nennen.

in das Gebiet des Mandibularbogens hinüber und läuft hier
unmittelbar an der lateralen Wand der V. jugularis ein Stück
hinauf (s. Taf. A Fig. 10); sie steht wahrscheinlich mit dieser
in Kapillarverbindung. An dicken Schnitten kann es deshalb
leicht aussehen, als ob das fragliche Gefäss von der Vena jugularis käme. — Dass Salensky die erste Anlage des Steighügels
erst bei 2³/₄ cm langen Embryonen (Schaf-) gefunden, und dass
sie ohne jede Verbindung mit dem Hyoidbogen war, ist eine
natürliche Folge seiner Arbeitsmethode. Solange der Steigbügel
aus Blastem besteht, kann er nicht durch Präparation nachgewiesen
werden; und da der die Verbindung mit dem übrigen Teil des
Hyoidbogens vermittelnde Strang (das Interhyale) nie das
Blastemstadium überschreitet, so kann derselbe auch nicht durch
Präparation gefunden werden. Vielleicht ist übrigens bei Schaf-
embryonen von 2³/₄ cm Länge das Interhyale schon verschwunden.
— Die von Salensky beschriebenen trapezoiden und fünf-
eckigen Formen der jungen Stapesanlage sind wahrscheinlich
auch als Kunstprodukte zu betrachten. Querschnitte, die nicht
in derselben Ebene liegen wie der Stapesring, geben oft etwas
unregelmässige Bilder desselben. Nach der Rekonstruktion findet
man aber, dass der Stapesring in den frühzeitigeren Stadien immer
kreisrund ist. — Salenskys positive Behauptung, „dass es
keine Entwickelungsperiode giebt, in welcher diese Teile (die
Gehörkapsel und die Visceralbogen) in Form von differenzierten,
weichen Anlagen vorhanden wären," ist, wie es sowohl durch
die meisten späteren Publikationen über diesen Gegenstand wie
auch durch meine Untersuchung dargelegt ist, vollkommen
falsch. — Die Behauptung in seiner vorläufigen Mitteilung
[46] S. 253), dass die Stapesanlage dem ersten Visceralbogen
angehört, scheint er gleich bereut zu haben, denn in seiner
späteren Arbeit (47) wird hiervon kein Wort erwähnt.

Hannover (19) bediente sich derselben unvollkommenen
Arbeitsmethode: makroskopischer Präparation. Die Mehrzahl

seiner Beobachtungen über die frühzeitigeren Stadien sind deshalb ohne Wert. Seine Beschreibung der späteren Stadien ist
dagegen im allgemeinen als vollkommen zuverlässig zu betrachten.
Seine Ansicht, dass der Processus longus (Folii) mallei erst nach
der Geburt in direkte Knochenverbindung mit dem Hammer
treten soll, ist aber, wie meine Stadien X — XXX zeigen,
unrichtig.

Gradenigos (15) gross angelegte Arbeit hat uns viel Neues
von Interesse gegeben. Ohne Fehler ist sie jedoch keineswegs.
Um vorgefassten Meinungen zu entgehen, hat er sich das
Programm aufgestellt, erst „die fundamentalen Entwickelungs-
vorgänge" festzustellen und erst danach dazu überzugehen diese
zu deuten und mit den Resultaten der komparativen Anatomie
in Verbindung zu stellen. Niemand kann wohl bestreiten, dass
dieses Programm sehr vernünftig ist, aber es nützt nichts, wenn
man in seinen Beobachtungen einen solchen Fehler begehen
kann, wie Gradenigo dennoch gethan, da er der Stapesplatte einen labyrinthären Ursprung geben will. Sowohl aus
Dreyfuss' (10) und Zondeks (64) wie meinen Untersuchungen
ergiebt es sich nämlich, dass sich Gradenigo hier geirrt; diese
Partie der Labyrinthkapsel unterliegt in späteren Stadien einer fast
vollständigen Atrophie, sodass nur eine dünne Bindegewebsschicht
an der medialen Seite der Fussplatte zurückbleibt. Gradenigo
hat selbst den Beginn dieser Atrophie beobachtet. Dass er
diesem Vorgehen nicht hat bis zu Ende folgen können, kommt
wohl davon, dass er nicht hinreichendes Material zur Verfügung
hatte, oder dass die späteren Stadien, wo sich dieser Prozess
abspielt, nicht genau genug untersucht wurden. Dass Bindegewebsfasern von aussen in die celluläre Anlage des Annularligamentes eindringen sollten, muss auch — nach meinen
Beobachtungen — ein Irrtum sein. Vielleicht haben die die
Pars membranacea tegminis tympani zusammensetzenden Bindegewebsfasern, welche nach innen verlaufen und sich am oberen

Rande des ovalen Fensters befestigen, an gar zu dickem oder in anderer Weise weniger guten Schnitten ein Eindringen in die Anlage des Annularligamentes vorgetäuscht. „Das Zertrümmern" der eigenen Zellen des letzteren ist wahrscheinlich erst bei der Mikrotomierung eingetreten. Während das Annularligament noch aus weichem blastemähnlichen Gewebe besteht, kann es leicht bersten, wenn das Messer durch die Knorpelpartien passiert, die es begrenzen. Durch weniger gute Schnitte ist wohl auch seine Beobachtung hervorgerufen, dass sich das Crus longum incudis s e k u n d ä r mit dem Stapesring in Verbindung setzt und dass (bei 4 – 4½ cm langen menschlichen Embryonen) der Hammer mit dem Amboss „knorpelig partiell vereinigt ist, der betreffenden Gelenkfläche entsprechend". — Dass G r a d e n i g o an seinen Schnitten solche kleinere Beobachtungsfehler begehen konnte, scheint aber recht natürlich, wenn man sieht, dass er sich den fast unverzeihlichen Fehler zu Schulden kommen lassen kann, den M e c k e l schen Knorpel mit der Vena jugularis zu verwechseln (B a u m g a r t e n [3]).

v. N o o r d e n s (38) ältestes Stadium war — wie früher erwähnt — ein Embryo von 23 mm. Wie wir gesehen, erlaubt ein solcher überhaupt keine Schlussfolgerung über die Bildung der Fussplatte. Da die Schnitte wahrscheinlich eine Dicke von 100 μ hatten (s. H i s [24]), so kann man a priori annehmen, dass sie für eine Untersuchung wie die vorliegende sehr wenig verwendbar sein mussten. v. N o o r d e n kam auch zu recht merkwürdigen Resultaten; so z. B. sollte nicht nur die Fussplatte sondern auch ein Teil der Crura labyrinthären Ursprunges sein.

R a b l s (42) Untersuchung hat für uns sehr grosses Interesse. Die einzige Bemerkung, die ich dagegen machen kann, ist dass er die erste Stapesanlage als eine U m b i e g u n g des Hyoidbogen-blastems um die Arteria stapedialis beschreibt, und dass er die Verbindung zwischen Stapes und Crus longum incudis als s e k u n d ä r ansieht.

Staderinis (57) Untersuchung ist soweit von Interesse, als er die Selbständigkeit des Annulus stapedialis im Verhältnis zur Labyrinthkapsel dargelegt. Sonst vertragen aber seine Beobachtungen keine tiefer gehende Kritik. Höchst merkwürdig müsste das Spiel der Natur sein, wenn, wie es Staderini beschreibt, der Hyoidbogen sich erst sekundär mit dem Stapesringe in Verbindung setzte, da doch diese Brücke (das Interhyale) in einigen Tagen wieder verschwinden soll (siehe Fig. 7!).

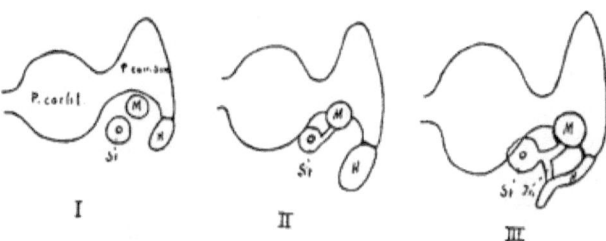

Fig. 7.

Schematische Darstellung der Stadd. I (Schweinsembr. 15 mm), II (16 mm) und III (17,5 mm) Staderinis.

P. cochl. Pars cochlearis, P. can. sm. Pars canalium semicircularium der Labyrinthkapsel, M. Mandibularbogen, H. Hyoidbogen, St. Stapes, Ih. Interhyale.

Dreyfuss (10) hat sehr wertvolle Beiträge zur Lehre über die Entwickelung der Gehörknöchelchen geliefert. — Bei seinem ersten Stadium (Meerschweinchen, 22 Tagen) beobachtete er den primären Zusammenhang des Stapesblastems mit dem der beiden Visceralbogen — in voller Übereinstimmung mit meinem Befund bei dem menschlichen Embryo. Er scheint mir doch der „centrierten Schichtung" der Stapeszellen um das Gefäss gar zu viel Gewicht beizulegen, indem er sich daraus zu der Folgerung berechtigt ansieht, dass der Stapesring ein selbständiges Gebilde ist, das keinem der Visceralbogen angehört. Meiner Auffassung nach ist diese konzentrische Zellenanordnung nichts wesentliches; sie existiert, wie meine ersten Stadien zeigen, anfangs gar nicht, sondern kommt erst sekundär zum Vorschein,

7*

wenn sich die Zellen um die Arteria stapedialis, so zu sagen, dichter zusammenpacken. — Dass er schon bei seinem dritten Stadium (Kaninchenembryo, 16 Tage alt) nicht nur die Verbindung mit dem Hyoidbogen sondern auch die mit dem Mandibularbogen abgebrochen fand, kann sich keineswegs erklären, wenn ich nicht annehmen darf, dass an dieser Stelle eine oder mehrere Schnitte der Serie verloren gegangen waren. (Dass solches selbst dem Geübtesten zuweilen passieren kann, ist wohl nicht zu bestreiten.) — Bei seinem folgenden Stadium (Kaninchenembr., 17 Tage alt) findet er jedoch die Verbindung zwischen Stapes und Mandibularbogen wieder. Natürlich muss er dann dieses so erklären, dass ein Auswuchs (Crus longum incudis) herunter gewachsen und sich sekundär mit dem Stapesring verbunden. Eine andere Konsequenz hiervon wird, dass er nicht die Blastemscheibe zwischen diesen Partien als eine echte Zwischenscheibe anerkennen kann. — Dreyfuss' Ansichten über das proximale Ende des Hyoidbogens, dessen Befestigung an der Labyrinthkapsel und dessen spätere Bestimmung stimmen mit meinen Befunden wenig überein. Nach Dreyfuss sollte der Hyoidbogen mit der Labyrinthkapsel „durch ein neu auftretendes, zuerst vorknorpliges später knorpliges Gebilde," das er „Schaltstück oder Intercalare" nennt, in Verbindung treten; wir erkennen darin den lateralen Gabelzweig des Hyoidbogens, das Laterohyale. Dieses hat, wie wir gesehen, einen selbständigen Vorknorpelkern, woraus sich erklärt, dass Dreyfuss es als ein bei seinem ersten Hervortreten sowohl von der Labyrinthkapsel wie vom Hyoidbogen getrenntes Gebilde beschreiben kann. — Wie sich aus Dreyfuss' These Nr. 24 ergiebt, sollte der Processus styloideus Politzer (65) nicht nur aus dem bestehen, was Dreyfuss als das proximale Ende des Hyoidbogens ansieht, sondern auch aus seinen „Intercalare" und einem Teil der Bogengangkapsel. Aus meinen Rekonstruktionen geht jedoch hervor, das es sich nicht so verhält. Das obere

Ende des Processus styloideus Politzer entspricht der Verdickung des Hyoidbogens gleich unter dem Punkte, wo sich früher die Gabelverzweigung befand. — Seine Beobachtung, dass „durch Hereinwuchern von Fasergewebe von der Paukenhöhlenfläche der Vorhofswand" die Abgrenzung des ovalen Fensters vom übrigen Teil der Labyrinthkapsel eintritt, habe ich, wie gesagt, in keiner meiner Schnittserien bestätigt gefunden. Die Angabe, dass das Gewebe im ovalen Fenster erst Jungknorpelstruktur annehmen sollte, ehe es anfinge der Atrophie anheimzufallen, hat Dreyfuss später, laut Angabe von Siebenmann (54), mündlich zurückgenommen.

Baumgarten (3) beschreibt seinen Embryo recht genau und zieht auch aus seinen Befunden an demselben ganz richtige Schlüsse über den Ursprung den verschiedenen Gehörknöchelchen. Für die Richtigkeit dieser Folgerungen kann jedoch — wie wir leicht einsehen — sein einziges Stadium keine vollgültigen Beweise abgeben. Die Frage, ob der Stapesring vom Hyoidbogen stammt, kann nur in viel früheren Stadien abgemacht werden, die Frage, ob der Steigbügel vielleicht einen doppelten Ursprung hat, erst in viel späteren Stadien. — Leider bildet er nicht sein Rekonstruktionsmodell von allen Seiten ab, und ich habe deshalb nicht, wie ich wünschte, einen vollständigen Vergleich mit meinen eigenen Rekonstruktionsmodellen aus derselben Entwickelungsperiode anstellen können. — Der Zellenstreif, den Baumgarten lateral vom Malleus und Meckelschen Knorpel sah, und der sich unten mit dem Belegknochen des Unterkiefers vereinte, war nicht, wie Baumgarten glaubt, Processus longus (Folii) mallei. Sowohl die Lage desselben wie auch der Übergang in den Unterkiefer sprechen mit Bestimmtheit dagegen.

Jacoby (31), der später denselben Embryo untersuchte, ist in seinen Schlussfolgerungen über das Entstehen des Steigbügels bedeutend vorsichtiger; er meint die Frage offen lassen zu müssen. Den erwähnten Deckknochenstreifen betreffend, der am Rekon-

struktionsbilde Jacobys (lateral vom Meckelschen Knorpel)
deutlich hervortritt, schliesst er sich der von Baumgarten
ausgesprochenen Meinung an. Merkwürdigerweise hat das, was
man an Jacobys Abbildungen von den Gehörknöchelchen-Anlagen
sieht, mit den von Baumgarten gegebenen Bildern wenig
Ähnlichkeit; ein Verhältnis, dass mich in der Auffassung stützt,
dass eine Rekonstruktion bei geringer Vergrösserung von subtilen
Gegenständen mittelst Wachsplatten keine vollkommen
sichere Resultate liefern kann.

Siebenmanns (54) Untersuchungsresultate von jungen
menschlichen Embryonen stimmen fast vollständig mit meinen
Befunden überein. Für seine Schlussbemerkung, dass sämtliche
Gehörknöchelchen eher als selbständige Teile des vorknorpeligen
Schädelskelettes, als als Teile des Visceralskelettes zu
betrachten seien, hat er jedoch — meiner Meinung nach — nicht
hinreichende Gründe geliefert. So viel ich verstehe, beweist
mein Material das Entgegengesetzte.

Zondeks (64) Material war zwar nicht hinreichend um die
Frage über die Entwickelung der Gehörknöchelchen ganz klar
zu machen; seine Untersuchung dieses Materials wurde aber
sehr gut durchgeführt und stimmt auch im allgemeinen mit
meinen Beobachtungen über ähnliche Stadien überein. Dass er
bei einem 7 cm langen Embryo eine mikroskopisch deutliche
Grenze zwischen dem Meckelschen Knorpel und dem Hammer-
kopfe gesehen, muss irrtümlich sein, denn ich habe weder bei
dem betreffenden Stadium (vergl. Stadium VIII!) noch später,
bis zur eintretenden Verknöcherung eine solche entdecken können.
— Die von ihm beschriebene Verschiedenheit der oberen und
unteren Partie der Zwischenscheibe des Hammer-Ambossgelenkes
bei einem 3½ cm langen Embryo, habe ich auch nicht konstatieren können.

Broca et Lenoir (6) sind, wie es scheint, an die embryologische Deutung ihres Falles gegangen, ohne andere Kennt-

nisse auf diesem Gebiet zu besitzen, als die sie aus Balfours
Lehrbuch geholt. — Dieses war aber in einer Periode geschrieben, wo Parkers erste Auffassung über den Ursprung der Gehörknöchelchen die englische Litteratur beherrschte. - Hiervon
beeinflusst, machen Broca et Lenoir die in unserer Zeit sehr
merkwürdige Annahme, dass der Processus Folii ein persistierender
Teil des Meckelschen Knorpels sein soll und das Manubrium
mallei ein entsprechender des Reichertschen Knorpels. — Ich
habe nicht nötig, mich auf einen Gegenbeweis dieser Annahme
hier einzulassen.

Hegetschweiler (21) scheint mir einige zu weit gehende
Schlussfolgerungen auf sein Material begründet zu haben. -
Dass der Stapesring vom Hyoidbogen gebildet wird, kann infolge
der primären Verbindung des Ringes mit dem Mandibularbogen
(Crus longum incudis) nur bei so jungen Embryonen festgestellt
werden, dass die hintere Spitze der ersten inneren Visceralfurche, die die Körperfläche erreicht, noch nicht verschwunden
ist. Das an den Stapesring stossende, noch aus Blastemzellen
bestehende Ende des Crus longum incudis als eine Anlage
des Ossiculum lenticulare Sylvii zu deuten, ist natürlich unrichtig; das Ossiculum lenticulare existiert ja nicht, nicht einmal
als eine Epiphyse. — Seine Beschreibung der ovalen Form des
Steigbügels kann, da er nicht rekonstruiert hat, auf einen Irrtum
beruhen. Infolge der schrägen Stellung des Steigbügelringes
treffen die Querschnitte denselben ungefähr so wie die Linie a
in Fig. 8 auf folg. S. zeigt. Ein solcher Schnitt eines ganz kreis-
runden Ringes erhält — wenn die Querschnittsform desselben
rund ist — nicht das Aussehen der Fig. 8b, sondern der Fig. 8c,
die ganz mit Hegetschweilers Abbildung übereinstimmt, und
die, wenn man nicht rekonstruiert, wohl die Auffassung hervor-
rufen kann, dass der Ring oval sei. In einem solchen Schnitte
sieht man an den beiden „Polen" des Bogens (Fig. 8 P) das
Perichondrium, das hier schräg getroffen ist, stärker gefärbte

Zellenhaufen bilden: vielleicht Hegetschweilers „Knorpelkerne". — Wie es sich nun auch bei Katzenembryonen verhalten mag, so ergiebt es sich doch mit Gewissheit aus meinem
Material, dass wenigstens beim Menschen die Stapesanlage nie
ein gleichförmiges Oval bildet und dass sie nie an den ange-
gebenen Punkten besondere „Knorpelkerne" besitzt. — Bei
seinem Katzenembryo von 29 mm findet er, dass das Interhyale
verschwunden ist. Dieses Verschwinden muss aber merkwürdig
sein, denn er will nicht mit Zondek darin einstimmen, dass
dieses durch regressive Metamorphose vor sich geht. „Durch
meine Präparate", sagt er, „bin ich zu der Ansicht gekommen,

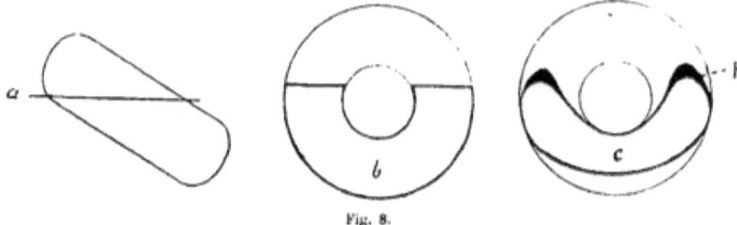

Fig. 8.

dass dieses Verbindungsstück in seiner Entwickelung auf der
Stufe des Vorknorpels stehen bleibt, somit keinen Rückbil-
dungsprozess durchzumachen braucht." (?) — Sein 18 mm
langer, menschlicher Embryo muss sehr schlecht konserviert
gewesen sein; man findet sonst keineswegs auf diesem Stadium.
den medialen Rand des Mandibularbogens „wellenförmig gezähnt".
Dass der Mandibularbogen nur „auf einigen Schnitten noch
im Zusammenhang mit der Hammer-Ambossanlage" war, deutet
auch darauf hin. Wie wir nämlich gefunden, wird derselbe erst
bei der Verknöcherung des Hammers von diesem abgegrenzt.

Die von Urbantschitsch (60) an 10- und 12wöchentlichen
menschlichen Embryonen gemachte Beobachtung, dass Hammer
und Amboss mit einander in Knorpelverbindung stehen sollten,

habe ich ebenso wenig wie Dreyfuss (10) u. a. konstatieren können. Im Gegenteil habe ich sie in allen meinen Stadien nach dem Auftreten des Vorknorpels vollkommen getrennt gefunden.

Die in der Litteratur befindlichen Angaben über die Verknöcherung der Gehörknöchelchen sind einander sehr widersprechend. So nimmt Rathke[1]) an, dass der Steigbügel von drei Punkten verknöchert; Rambaud et Renault (43) nehmen vier Verknöcherungspunkte an. Was den Incus betrifft, so glauben einige (Rambaud et Renault, Parker u. a.), dass er zwei Ossifikationspunkte hat, einen für den Processus lenticularis und einen für den übrigen Teil; andere dagegen (Hagenbach [20]) bestreiten die Existenz eines selbständigen Ossifikationspunktes im Processus lenticularis. Der Malleus sollte[2]), abgesehen vom langen Fortsatz, zwei Ossifikationscentra haben eins für den Kopf, ein anderes für das Manubrium. — Mein eigenes Untersuchungsmaterial, das — da es nicht weniger als 20 verschiedene Stadien vom Anfang der Verknöcherung bis zum Ende derselben umfasst — als ganz überzeugend anzusehen ist, zeigt, dass die Gehörknöchelchen (abgesehen von dem Processus longus mallei) nur ein Ossifikationscentrum für jedes haben. Hiermit stimmen Hannovers (19) und Dreyfuss' (10) Resultate überein. Das Material dieser Verfasser war jedoch nicht hinlänglich umfassend um die Sache zu beweisen. — Auch die Zeit des Anfanges der Verknöcherung betreffend, sind die Angaben einander sehr widersprechend. Rambaud et Renault (43) und Tröltsch (59) geben an, dass die Verknöcherung des Hammers und des Amboss schon vor dem Ende des dritten Monats anfängt. Nach Kölliker (33) beginnt die Verknöcherung erst im vierten oder fünften Monat. Wie wir gesehen, ist die

---

[1]) Cit nach Minot (37) S. 766.
[2]) Siehe Schwalbe (52) S. 487.

Zeit des Anfanges der Verknöcherung individuell ganz verschieden. Nach meinem Material zu urteilen, fängt die Verknöcherung indessen jederzeit während des 5. Monats an.

Als ein mir ganz unerklärlicher Irrtum steht Minots (37)
auf Staderinis Untersuchung (57) begründete Ansicht, dass
der Stapes „aus einer Verknöcherung des ovalen Fensters hervorgeht, und nicht zum Teil oder ganz aus dem Visceralskelett".
Beweist nämlich Staderinis Untersuchung etwas, so ist es
— wie aus meinem Referat zu ersehen (S. 529) — gerade das
Entgegengesetzte.

Unerklärlich scheint mir auch die von Kollmann (32)
und Siebenmann (55) neulich ausgesprochene Auffassung,
dass der Processus longus (Folii) mallei ein persistierender Teil
des Meckelschen Knorpels sei. Schon Meckel, Weber und
Valentin haben beobachtet, dass dieser Auswuchs als ein
selbständiger Belegknochen angelegt wird, und die Verfasser,
die sich in letzter Zeit hierüber geäussert, haben alle konstatieren können, dass es sich so verhält. Meine eigenen Untersuchungen beweisen dasselbe.

Auf Grundlage der vorwurfsfreien Angaben [1]) in der früheren Litteratur und meiner eigenen direkten Beobachtungen
glaube ich mich jetzt imstande eine richtige und einigermassen
erschöpfende Darstellung des Ursprunges und der Entwickelung
der Gehörknöchelchen bei menschlichen Embryonen zu geben.

Mit Absicht gehe ich gar nicht auf die Frage über die
Homologie der Gehörknöchelchen ein.

---

[1]) Hiermit meine ich keineswegs alles das, was nicht im vorigen Kapitel
Gegenstand meiner direkten Kritik gewesen. Viele der nicht berührten Einzel-
heiten in den früheren Publikationen haben sich nämlich als unrichtig erwiesen:
diese sollen im folgenden Kapitel Gegenstand meiner indirekten Kritik werden.

Entwickelungsgeschichte der menschlichen Gehör-knöchelchen.

I. Ursprung und früheste Entwickelung der Gehörknöchelchen.

Den ersten Anfang zur Bildung der Gehörknöchelchen findet man beim Menschen in der 6. Embryonalwoche. Schon vorher kann man jedoch, wenn man die Lagenverhältnisse der ungeformten Blastemmassen[1]) der Visceralbogen im Verhältnis zu den die betreffende Gegend durchlaufenden Nerven und Blutgefässen in Betracht nimmt, mit ziemlich grosser Sicherheit die Anlagen der Gehörknöchelchen erkennen. Das Studium der frühesten Gehörknöchelchen-Anlagen, bevor noch die Formbildung angefangen, ist um so mehr von Bedeutung,. da nur hier durch die Streitfrage über das Entstehen des Stapesringes ihre Lösung finden kann.

Schon ehe sich das Mesoderm der beiden ersten Visceral-bogen zu einigermassen gut begrenzten Blastemsträngen — so zu sagen — zusammengepackt hat, existieren in dieser Region einige Nerven und Blutgefässe, die für die Blastemmasse form-bestimmend werden. — Gerade vor dem proximalen Ende des Hyoidbogens geht von der Arteria carotis interna eine kleine Arterie, Truncus hyo-stapedialis (Taf. A Fig. 5 Tr. h-st.) aus, die sich nach kurzem Verlauf nach aussen in zwei Zweige teilt, von denen der eine, Arteria hyoidea primitiva (A. hyoidea Gradenigo) im Gebiete des Hyoidbogens bleibt, während die andere, Arteria stapedialis (A. st.), schräg aufwärts und nach aussen in die Gegend des Mandibularbogens hineindringt (siehe Fig. 10. A. st., Taf. A!). — Gleich hinter dem dorsalen Ende der ersten, äusseren Visceralfurche streckt sich die mächtige Vena jugularis primitiva in einem nach vorn konkaven Bogen ab-wärts und grenzt somit dorsal das Blastem der beiden ersten

[1]) Siehe Seite 569, Anm.

Bogen ab. (S. Figg. 1 u. 9 Taf. A.) Medial und vorderhalb derselben sieht man den Nervus facialis erst nach unten und aussen,
dann in einem Bogen nach vorn hin ziehen (Figg. 2—8 Taf. A. VII).
Von dieser vorwärts gerichteten Partie des Nerven geht die
Chorda tympani in gerader Linie aufwärts und medial aus, um
sich im Gebiete des Mandibularbogens dem Nervus trigeminus
anzuschliessen (Fig. 8 Taf. A.; Figg. 2 u. 3 Taf. C). Der N.
trigeminus streckt sich vom Ganglion trigemini gerade nach
vorn und unten (Fig. 2 Taf. C. V). Vom proximalen Ende
der erwähnten, äusseren Visceralfurche streckt sich die erste,
innere Visceralfurche — die hier gleich unter dem Ektoderm
liegt (Figg. 2—8 u. 10 Taf. A., J. Vf.) — nach innen abwärts.
Spitz und schmal im äusseren Teil, erweitert sich dieselbe
rasch nach innen. Ihre mittlere Partie kreuzt die hintere Seite
der Chorda tympani.

Wenn sich nun das Blastem der Visceralbogen[1]) bildet, so
muss es den zwischen diesen Organen liegenden Raum ein-
nehmen. Überall aber, wo sich kein solches Hindernis findet,
hängen die Blastemmassen der beiden Bogen direkt mit einander
zusammen.

An beiden Bogen kann man einen medialen und einen
lateralen Teil unterscheiden, die durch die resp. Nerven,
Trigeminus und Facialis geschieden werden (s. Fig. 3 Taf. C.).
Der Facialis verläuft in einer tiefen Furche erst am proximalen
Ende und dann an der unteren Seite des Hyoidbogenblastems
(Figg. 1 und 2. Taf. C); der Trigeminus liegt in einer weniger
tiefen Furche an der oberen Seite des Mandibularbogens. — Die
hintere Spitze der ersten, inneren Visceralfurche grenzt proximal die lateralen Bogenteile von einander ab (s. Fig. 1 Taf. C);
nach vorn dagegen sind diese Teile mit einander in breiter
Verbindung (Fig. 3. Taf. C). Nach vorn entfernt sich, wie

---

[1]) Sowohl hier wie im folgenden ist nur von den beiden ersten Visceralbogen die Rede.

gesagt, die genannte Furche immer mehr von der Aussenfläche und grenzt hier nur die medialen Teile der Bogen von einander ab. — Die lateralen Teile sind überall ungefähr gleich dick; die medialen sind an ein Paar Stellen mehr oder weniger reduziert. So verhält es sich am proximalen Ende des Mandibularbogens, wo die Vena jugularis prim. den Platz gleich unter und medial vom Trigeminus einnimmt (s. Fig. 10 Taf. A), und in einer intermediären Partie des Hyoidbogens, wo nur ein dünner Facialismantel (das „Interhyale") den medialen Teil des Bogens repräsentiert (Fig. 6 Taf. A. Ih.). — Von den lateralen Teilen der beiden Bogen werden — wie ein Vergleich mit etwas späteren Stadien zeigt (Fig. 4 Taf. C) — nur die proximalen Stücke für die Bildung des eigentlichen Visceralskeletts in Anspruch genommen. Die zunächst darauf folgenden Partien werden bei der Anlegung des äusseren Ohres isoliert und grösstenteils zur Bildung des Knorpels des äusseren Ohres verwendet. Das proximale Ende des lateralen Teils des Mandibularbogens bildet die Anlage zum Amboss und das proximale Ende des lateralen Teils des Hyoidbogens die Anlage zu dem, was Dreyfuss „Intercalare" nennt, ich aber lieber Laterohyale nennen möchte. — Das proximale Ende des medialen Teils des Mandibularbogens gelangt — wie gesagt — nie zur Entwickelung. Die übrige Partie, welche unmittelbar von der vorbeilaufenden Chorda tympani aus nach vorn geht, ist die Anlage zum Hammer und Meckelschen Knorpel[1]. — Von dem medialen Teil des Hyoidbogens bildet die proximale Partie den Steigbügelring, die zunächst darauf folgende das Interhyale und der Rest den Reichertschen Knorpel[2].

Die Stapesanlage bildet anfangs einen unebenen Zellenring um die Arteria stapedialis (Fig. 2 Taf. C). Dieser Ring steht

[1] Siehe Seite 581. Anm.
[2] Siehe Seite 579.

vor dem N. facialis sowohl mit dem Mandibularbogen wie mit dem übrigen Teil des Hyoidbogens in Verbindung. Dass die Stapesanlage, der anfangs existierenden Verbindung mit dem Mandibularbogen ungeachtet, doch gewiss zum Hyoidbogen zu rechnen ist, beweist ihre Lage kaudal von der ersten, inneren Visceralfurche (siehe Figg. 4 u. 5 Taf. A). Dafür spricht auch das von Rabl (42) hervorgehobene Faktum, dass der Musculus stapedius vom Nerv des Hyoidbogens, dem N. facialis, innerviert wird. — Die Zellen des Stapesblastems, die anfangs ohne Ordnung liegen, sammeln sich in konzentrischer Anordnung um die Arteria stapedialis; zugleich werden die Grenzen des Ringes schärfer und die Form kreisrund. Infolge der Richtung des Gefässes erhält der Stapesring schon von Anfang an seine definitive schräge Stellung (ca. 45° gegen die Horizontalebene).

Anfangs sind die Visceralbogen von der Labyrinthkapsel deutlich abgegrenzt, die lateralen Bogenteile durch die Vena jugularis prim. und die Steigbügelanlage durch eine helle, von zahlreichen, kleinen Blutgefässen durchbrochene mesodermale Zone (auch von Staderini (57), Dreyfuss (10), Siebenmann (54) und Hegetschweiler (21) beobachtet). Es dauert aber nicht lange, ehe die Bogen mit der Labyrinthkapsel in Verbindung treten. Die Mesodermalzone zwischen dem Stapesblastem und der Labyrinthkapsel verschwindet in der 6. Embryonalwoche, an deren Schluss sich der Stapesring in das undeutlich begrenzte Blastem der Labyrinthkapsel hineindrängt (Fig. 1 Taf. B). Ungefähr zur gleichen Zeit erfährt die Vena jugularis pr. eine starke (sowohl relative als absolute) Verkleinerung, wodurch die lateralen Endblasteme der beiden Bogen — lateral von der Vene — dazu kommen mit der Labyrinthkapsel zusammenzufliessen. Ich benutze den Ausdruck „zusammenzufliessen" um damit den intimen Zusammenhang zwischen diesen Teilen hervorzuheben, der es während der nächsten Zeit nach der Vereinigung fast unmöglich macht, bestimmte Grenzen zwischen den Visceralbogen und der Labyrinthkapsel zu ziehen. Es sind nur die Lagenverhältnisse zu den Nerven, die eine richtige Berechnung hierüber erlauben. Der Stapesring verhält sich gewissermassen anders, indem er durch seine stärkere Färbung und konzentrische Zellenanordnung sich auch auf diesem Stadium leicht von der Labyrinthkapsel abgrenzen lässt.

Beim Eintritt des Vorknorpelstadiums werden jedoch die Grenzen wieder deutlich, indem die Blastemmassen verschiedener Herkunft jede für sich einen eigenen Vorknorpelkern besitzen, der durch eine Zwischenscheibe von persistierendem, stärker färbbarem[1] Blastem (wenigstens anfangs) von den benachbarten Partien abgegrenzt ist. Zuerst tritt der Vorknorpel in der lateralen Wand der Pars canalium semicircularium der Labyrinthkapsel und im Mandibularbogen auf (vergl. Stad. III). — Letzterer hat keinen einheitlichen Vorknorpelkern, sondern zwei: einen für die Incusanlage und einen für die Malleusanlage plus den Meckelschen Knorpel. Der erwähnte Vorknorpelkern in der Pars canalium semicircularium breitet sich bald aus, sodass er diese ganze Kapselpartie mit Ausnahme des vorderen, mit dem Visceralbogen verbundenen Teiles einnimmt, der noch lange seinen blastematösen Charakter behält. — Erst in der 7. Woche schreitet die Vorkorpelbildung in die Pars cochlearis der Labyrinthkapsel vor. Gleichzeitig werden die beiden Fenestrae und zwar so angelegt, dass die dafür bestimmten Partien der Labyrinthkapsel auf dem Blastemstadium stehen bleiben.

Die beiden Vorknorpelkerne des Mandibularbogens werden durch eine persistierende, dünne Blastemschicht vollständig von einander getrennt. Diese bildet keine ebene Querscheibe,

[1] Wenigstens bei Anwendung von Kernfärbungsmitteln.

sondern tritt schon von Anfang an als eine winkelig
gebogene Platte auf, deren vorderer, sagittaler Teil
bedeutend grösser ist als der hintere, frontale. Diese
beiden Abteilungen begrenzen die beiden späteren
Hauptfacetten im Hammer-Ambossgelenk, welche also
schon in der 6. Embryonalwoche angedeutet sind. Die grössere
Gelenkfacette der Hammeranlage ist in diesem Stadium gerade
nach aussen gerichtet und die kleinere nach hinten. Erst in
späteren Stadien bekommt durch veränderte Lage der Gehörknöchelchen die grössere Facette ihre Richtung nach hinten, die
kleinere nach innen.

Zur gleichen Zeit mit der Bildung des Vorknorpelkerns im
Mandibularbogen wächst dessen der Chorda tympani zunächst
liegendes Blastem nach unten und innen. Da jedoch die
gerade ausgespannte Chorda (Figg. 2 und 5 Taf. C. Ch. t.)
im Wege liegt, wird das Blastem gezwungen, sich bei
diesem Wachsen nach unten in einen vorderen und
einen hinteren Zweig zu teilen. In dem hinter der
Chorda liegenden Zweig, der von Anfang an mit dem Stapesring in Verbindung gestanden, erkennen wir jetzt die Anlage
des unteren Teils des Crus longum incudis. Der vor
der Chorda liegende, unten freie Blastemzweig ist die Anlage
des Manubrium mallei. Der obere Teil des Crus longum
incudis und das Collum mallei, die in der 6. Woche auch fort-
während aus Blastem bestehen, sind mit einander noch direkt
verbunden. Sie werden erst in der 7. Woche von einander
getrennt (s. Stad. IV, Fig. 7 Taf. C), allem Anschein nach
durch die Zugeinwirkung nach vorn, die die Chorda tympani
auf das Manubrium ausübt, indem ihr oberer Befestigungspunkt
nach vorn gezogen wird (vergl. Figg. 5 u. 7 Taf. C).

Das Manubrium mallei ist anfangs sehr kurz und relativ dick und streckt sich, einen Winkel von nur 110° gegen den
übrigen Malleus bildend, fast gerade nach innen (Fig. 4 Taf. C

Mn.) Erst in einem etwas späteren Stadium (in der 7. Woche; s. Stad. IV!) wird der Processus lateralis oder brevis angelegt. Er bildet anfangs einen von dem Winkel zwischen Collum und Manubrium mallei ausgehenden, gerade nach unten gerichteten Blastemauswuchs (Taf. C Fig. 6 Pr. l.). Erst später wird er, gleichzeitig damit dass der Winkel zwischen Manubrium und Collum mallei sich vergrössert, allmählich nach aussen gerichtet (vergl. Figg. 1, 4 und 10 Taf. F). Das Caput mallei ist anfangs sehr klein und liegt mit seiner obersten Partie bedeutend niedriger als die des Corpus incudis (Fig. 6 Taf. C).

Von den älteren Partien des Mandibularbogens gelangt die Vorknorpelbildung nach und nach in die jüngeren hinunter. Im proximalen Ende (d. h. in der Incusanlage) schreitet sie auch nach hinten fort, wo sie einem Vorknorpelauswuchs der Labyrinthkapsel begegnet, der sich medial von der Incusanlage nach vorn streckt. Zwischen ihnen persistiert eine dünne Blastemschicht, eine Zwischenscheibe. Nachdem diese hintere, laterale Abteilung der Incusanlage im Vorknorpel übergegangen, erkennen wir darin das Crus breve incudis.

Das Blastem des Hyoidbogens geht etwas später als das des Mandibularbogens in Vorknorpel über. In der 8. Woche tritt Vorknorpel ungefähr gleichzeitig im Stapesring und im distalen Teil des Hyoidbogens auf. Man findet dann auch einen besonderen Vorknorpelkern im lateralen Gabelzweig des Hyoidbogens, dem Laterohyale. Dieser Vorknorpelkern bleibt noch längere Zeit durch persistierendes Blastem sowohl von der Labyrinthkapsel wie von dem medialen Teil des Hyoidbogens getrennt (Fig 5 Taf. B Lh.). Eine Partie des letzteren, der sog. Facialismantel oder das Interhyale erreicht nie das Vorknorpelstadium. In der Regel atrophiert das Interhyale schon am Ende des 2. Monats, wie es scheint, dadurch, dass es vom Nervus facialis abgeschnürt wird (s. Taf. B Fig. 5!). Dieser Nerv, der ursprünglich

zwischen dem medialen und lateralen Teil des Hyoidbogens
liegt (s. Figg. 3 u. 4. Taf. C!), verläuft nämlich in der Folge, indem
er seine Lage etwas verändert, schräg über und unmittelbar am
Interhyale, wodurch er dasselbe, wie erwähnt, abzuschnüren scheint
(Fig. 5 Taf. B). Die beiden Endstücke des Interhyale, die am
Stapesringe und am Hyoidbogen sitzen bleiben, sind noch eine
Zeit lang zu spüren (Fig. 11 Taf. C Ih.), verschwinden aber
bald vollkommen. Der Stapesring verliert damit jede Spur einer
Verbindung mit dem Hyoidbogen. Die Verbindung des Stapesringes mit dem Crus longum incudis besteht, nachdem beide
in das Vorknorpelstadium übergegangen, aus einer blastema-
tösen Zwischenscheibe.

Weil im proximalen Ende des Hyoidbogens der laterale
Teil zur Entwickelung[1]) kommt, während in der distalen Bogen-
partie nur der mediale Teil entwickelt wird, beschreibt der
Nervus facialis eine halbe Spirale um den Bogen (siehe Fig. 4
Taf. C).

Die beiden ersten Visceralbogen zeigen im ganzen
vollkommen analoge Verhältnisse. Nur im proximalen
Ende kommt der laterale Teil zur Entwickelung. Dieser stellt
im Mandibularbogen die Incusanlage dar, im Hyoidbogen die
Anlage des Laterohyale. Diese beiden haben jeder ihren Vorknorpelkern. In der Partie vor der Chorda tympani kommt
nur der mediale Teil jedes Bogens zur Entwickelung. In
der Partie hinter der Chorda tympani verhalten sich die medialen Bogenteile dagegen etwas verschieden. Der ganze mediale
Teil des Mandibularbogens wird nämlich hier durch die Vena
jugularis primitiva verhindert sich zu entwickeln. Vom Hyoid-

---

[1]) Hiermit meine ich Entwickelung als eigentliches Visceralskelett. Wie gesagt kommen nämlich auch die distalen Partien der lateralen
Teile der beiden Bogen zur Entwickelung; sie werden aber bei der Anlegung
des äusseren Ohrs isoliert und also nicht für die Bildung des eigentlichen
Visceralskelettes in Anspruch genommen.

bogen wird das proximale Ende des medialen Teils durch die
Gegenwart der Arteria stapedialis gezwungen Ringform anzunehmen; die zunächst darauf folgende Partie (das Interhyale),
die schon von Anfang an dünner ist, befindet sich schon beim
ersten Auftreten des Vorknorpels in regressiver Metamorphose
und kommt vor ihrem Verschwinden nicht über das Blastemstadium hinaus. Eine Folge hiervon ist, dass der mediale Teil
des Hyoidbogens zwei Vorknorpelkerne bekommt: einen für
den Steigbügel und einen für die übrige persistierende Partie;
während der mediale Teil des Mandibularbogens nur einen
Vorknorpelkern hat.

Obgleich es natürlich nur eine Hypothese werden kann,
will ich versuchen, eine Erklärung des Verhältnisses zu liefern,
dass wir, schon von Anfang an, ein in zwei Facetten geteiltes
Gelenk zwischen Hammer und Amboss finden, während die Verbindung zwischen dem Laterohyale und dem Reichertschen
Knorpel (dem distalen Teil des Hyoidbogens) von einer ebenen
Zwischenscheibe repräsentiert ist (s. Text-Fig. 12, A. Zw.). Dieses
hat wahrscheinlich folgenden Grund. Ausser den beiden erwähnten Hauptabteilungen, dem medialen und dem lateralen
Teil (Fig. 9 P. m. und P. l.) kann man im Blastem der beiden
Visceralbogen auch eine mittlere Abteilung (Fig. 9 P. im.)
unterscheiden, die den Nerv des betreffenden Bogens am nächsten
liegt. Diese intermediäre Partie persistiert im ganzen Mandibularbogen; im Hyoidbogen verschwindet dagegen der proximale Teil derselben (was durch den N. facialis veranlasst wird.
— Wo nun diese Pars intermedia mitten vor dem medialen Teil
ihres Bogens liegt, erhält sie Vorknorpel von demselben Kern
wie dieser und nur wo der mediale Teil fehlt, kommt ihr Vorknorpel vom Kerne des lateralen Teils. — Nehmen wir dieses
an, so ist damit eine Erklärung des obenerwähnten Verhältnisses gefunden, wie es das umstehende Schema (Fig. 9) am
besten verdeutlicht.

8*

Dass die hier befindlichen Nerven bei der Bildung der Gehörknöchelchen eine recht bedeutende
mechanische Rolle spielen, ist mehr als wahrscheinlich. Dass der N. facialis der Grund der Gabelzweigung des
Hyoidbogens ist, scheint einleuchtend (s. Figg. 1 u. 2 Taf. C!).
Auch ist es recht deutlich, dass die zwischen dem Facialis und

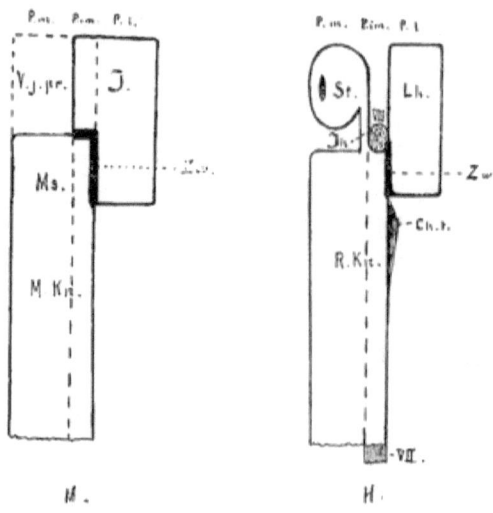

Fig. 9.

M. Mandibularbogen, H. Hyoidbogen, P. m. Pars medialis, P. im. Pars intermedia, P. l. Pars
lateralis. V. j. pr. Platz der Vena jugularis primit., I. Incusanlage, Ms. Malleusanlage, M. Kn.
Meckelscher Knorpel, Zw. Zwischenscheibe, St. Stapes, Lh. Laterohyale, R. Ku. Reichertscher
Knorpel, Ih. Interhyale, VII. N. facialis, Ch. t. Ausgangspunkt der Chorda tympani.

dem Trigeminus gerade ausgespannte Chorda tympani (s. Figg.
2 und 5 Taf. C, Ch. t.!) ein Abtrennen des Manubrium mallei
vom Crus longum incudis bewirken muss, wenn diese Partien
nach unten und innen wachsen. Mir scheint es auch höchst
wahrscheinlich, dass die Chorda, wenn ihr Befestigungspunkt
am Trigeminus (durch das starke Wachsen desselben in die

central von diesem Punkt liegende Partie) nach vorn und unten
rückt (s. Fig. 7 Taf. C), eine Zugwirkung sowohl auf das
Manubrium mallei, wie auf den Hyoidbogen ausüben muss.
Hierdurch wird die Abtrennung des Collum mallei vom oberen
Teil des Crus longum incudis bewirkt oder wenigstens erleich-
tert; hierdurch wird auch die immer stärkere Einwärtsbiegung
des Hyoidbogens medial von der Umbiegungsstelle des Facialis
hervorgerufen.

Zusammenfassung.

Der Amboss entsteht aus der proximalen Partie des
lateralen Teils des Mandibularbogens. Schon in der
späteren Hälfte des 2. Embryonalmonats nimmt er einigermassen
seine definitive Form an, indem der Verbindungszweig mit der
Stapesanlage zum Crus longum auswächst und die hintere
Partie nach der Vorknorpelbildung von der Labyrinthkapsel deutlich abgegrenzt wird und das Crus breve bildet.

Der Hammer verdankt sein Entstehen der zunächst vor der Chorda tympani liegenden Partie
des medialen Teils des Mandibularbogens. So lange
dieser Bogen noch aus Blastem besteht, ist keine Grenze
zwischen Malleus und Incus zu entdecken; so bald aber der
Mandibularbogen in das Vorknorpelstadium eintritt, tritt eine
deutliche und scharf markierte Grenze dadurch hervor, dass
der Incus einen besonderen Vorknorpelkern besitzt,
der Malleus und die Anlage des Meckelschen Knorpels (s. S. 58¹)!) zusammen einen anderen haben. Diese
Grenze besteht aus persistierendem Blastem und entspricht dem
später entstehenden Gelenk zwischen Hammer und Amboss,
deren Hauptgelenkfacetten schon jetzt angedeutet
sind. Das Manubrium mallei, das nach unten und innen wächst,
wird schon auf dem Blastemstadium vom Crus longum incudis
getrennt, wahrscheinlich weil sich die Chorda tympani in

den für Hammer und Amboss gemeinsamen Blastemauswuchs, so zu sagen, einschneidet. Das Manubrium ist
anfangs sehr kurz und dick und fast gerade einwärts gerichtet,
wächst aber später nach und nach in die Länge, während es
zugleich mehr abwärts gerichtet wird. Der Processus lateralis,
der anfangs nach unten gerichtet ist, erhält hiermit eine mehr
laterale Richtung.

Der Steigbügelring wird aus der proximalen Partie des medialen Teils des Hyoidbogens gebildet,
deren Blastemzellen sich um ein hier schon früher befindliches
Gefäss, die Arteria stapedialis, sammeln. Das Stapesblastem steht von Anfang an sowohl vorn mit der
übrigen Partie des Hyoidbogens wie nach oben mit
dem Mandibularbogen in Verbindung. Die Verbindungsbrücke mit dem übrigen Teil des Hyoidbogens, das Interhyale verschwindet bald, wie es scheint durch den
Nervus facialis abgeschnürt, die Verbindungsbrücke mit
dem Mandibularbogen dagegen persistiert als Crus longum incudis.
Mit der Labyrinthkapsel tritt der Stapesring erst
sekundär in Berührung.

II. Weitere Entwickelung der Gehörknöchelchen vor der Verknöcherung.

A. Malleus.

Wie wir von Fig. 6 (Taf. C, M.) sehen, hat der Hammer
bei seinem ersten Hervortreten mit dem späteren Knöchelchen
wenig Ähnlichkeit. Er ist recht plump und nimmt erst nach
und nach ein schlankeres Aussehen an, indem das Längenwachstum relativ am stärksten wird. Am Ende des 2. Embryonal-

monats (s. Embr. IV!) hat der Hammer eine Länge von 0,7 mm.
Der Winkel, den das Manubrium gegen den übrigen Teil des
Malleus bildet, ist etwas grösser als vorher geworden und beträgt jetzt 120°. Caput mallei ist sehr klein und erreicht nicht
den oberen Rand des Incuskörpers. Es wächst jedoch rasch,
sodass es schon um die Mitte des 3. Monats recht hoch über
den Incus hinaufragt (s. Fig. 8. Taf. C!). Die vordere Fläche
des Kopfes dient anfangs zum grossen Teil als Befestigungsstelle des Meckelschen Knorpels. Da dieser jedoch am
Ende des 3. Monats zu wachsen aufhört, der Hammerkopf aber — und zwar besonders die oberhalb des Meckelschen
Knorpels liegende Partie — weiter wächst, so wird der Meckelsche
Knorpel nach und nach immer weiter abwärts verschoben, so
dass er sich um die Zeit des Beginnens der Verknöcherung ungefähr an der Grenze zwischen Kopf und Hals befindet. Der
Hammerkopf ist am Anfang des 5. Monats recht lang und
schmal (s. Fig. 10 Taf. F!); die Wölbung nach vorn fehlt noch.
Sie tritt erst unmittelbar vor der Verknöcherung auf. Die beiden
Höcker an der unteren Grenze der Vorderfläche entstehen erst
nach der Verknöcherung. — Die Crista mallei entsteht
erst während des 4. Monats. Ihre Entwickelungsweise ist
wesentlich verschieden von der des Manubrium und des Processus
lateralis. Während diese als Blastemauswüchse entstehen und
dann die Vorknorpel und Jungknorpelstadien durchlaufen, so
besteht die Crista mallei schon bei ihrem ersten Hervortreten aus Jungknorpel, der dasselbe Aussehen zeigt
wie im übrigen Teil des Caput mallei. Auch darin ist die
Bildung der Crista mallei abweichend, dass sie nicht durch
ein peripherisches Wachstum der betreffenden Partie entsteht,
sondern durch Resorption der zunächst darunter liegen
den. Am Ende des 3. Monats tritt diese Knorpelresorption an
der lateralen und hinteren Seite auf. Es entsteht hierdurch eine
seichte, schräg von oben lateral nach unten medial herab-

ziehende Furche, die von fibrillärem Bindegewebe ausgefüllt
wird. Während der folgenden Zeit schreitet diese Resorption
fort, besonders in der Mitte der Furche, wo der darüber liegende
Teil der Crista mallei von Bindegewebe, dessen Streifen in der
Längsrichtung des Hammers verlaufen, gleichsam untergraben
wird (s. Fig. 6. S. 588!). Am Anfang des 5. Monats (vergl.
Embr. IX b), ehe noch Ligamentum mallei externum entwickelt
ist, hängt die Cristaanlage an der Seite des Hammers gerade
nach unten; erst später erhält sie ihre definitive Richtung mehr
nach aussen.

Die Gelenkfläche gegen den Incus hat anfangs eine grössere,
laterale und eine kleinere, rückwärts gerichtete Facette (s. die
schematische Fig. 9 M. Zw. S. 622!). Diese Facetten verändern
während des 3. und des 4. Monats nach und nach ihre Lage,
sodass die laterale Facette rückwärts und die hintere einwärts
gerichtet wird. Der Grund dieser veränderten Lage liegt in
der während dieser Entwickelungsperiode eintretenden Drehung
der ganzen Gehörknöchelchen-Kette. Seinerseits wird diese
Drehung wahrscheinlich durch das ungleiche Wachstum der
Labyrinthkapsel hervorgerufen. Infolgedessen wird nämlich der
Steigbügel nach vorn und etwas nach aussen verschoben, was
zu einer solchen Drehung zwingen muss, da das Crus breve
incudis fixiert ist. — In diesen beiden Facetten, die schon beim
Auftreten des Vorknorpels, d. h. bei der ersten Abgrenzung des
Malleus von Incus, deutlich hervortreten, erkennen wir die beiden
Hauptfacetten des Hammers. Es dauert nicht lange, ehe auch
die Nebenfacetten angelegt werden. Schon bei meinem Embryo IV
sind sie angedeutet und beim Embryo V (30,5 mm) sind sie stark
markiert. Gleichwie bei dem fertigen Malleus ist doch die Teilung
der vorderen Hauptfacette in zwei Nebenfacetten im vorderen
(später lateralen) Teil nicht vollständig durchgeführt. — Der
Sperrzahn von Helmholtz ist im letzterwähnten Stadium schwach
angedeutet und nimmt in den folgenden Stadien nach und nach
an Stärke zu.

Der Hammerhals zeichnet sich schon im Vorknorpelstadium als eine seichte, zwischen dem Befestigungspunkt des
Meckelschen Knorpels und dem Processus lateralis liegende Ein-
schnürung ab. — Der Processus longus (Folii) wird am
Ende des 2. Monats als ein sehr dünner Belegknochen an der
unteren medialen Seite des Meckelschen Knorpels angelegt (Fig. 11
Taf. C. Pr. F.). Sein proximales Ende befindet sich schon von Anfang an im Winkel zwischen dem Meckelschen Knorpel und
dem Collum mallei. Sein distales Ende rückt während des
Wachsens langsam nach vorn und unten. Beide sind von Anfang
an vollkommen frei. — Erst am Ende des 5. Monats, wenn das
Collum mallei verknöchert, schmilzt der Processus longus mit
dem Hammer zusammen. Bis dahin wird er nur durch Bindegewebe, das ihn mit dem Meckelschen Knorpel verbindet, in
seiner Lage gehalten. Bei meinem Embryo V (30,5 mm) hat
dieser Fortsatz nur eine Länge von 0, 4 mm; er nimmt später
sowohl an Dicke wie auch besonders an Länge zu und erreicht
Ende des 5. Monats eine Länge von 3,5 mm, eine Länge, die
sich — nach meinen letzten Stadien (Embr. XXVIII, XXIX
und XXX) zu urteilen[1]) — bis zum Ende des Fötallebens
nicht verändert. Zuweilen kann doch das Wachstum andauern
bis der Fortsatz eine Länge von sogar 5—6 mm erreicht (s.
Schwalbe (52) S. 483!).

Der Meckelsche Knorpel geht während der Blastem-,
Vorknorpel- und Knorpelstadien des Hammers direkt — ohne
histologische Grenze — in diesen über. Erst wenn die
Knochenbildung eintritt, wird der Meckelsche Knorpel
vom Hammer abgegrenzt. Die Grenze läuft nicht quer
über, sondern geht von aussen und vorn medialwärts und nach
hinten. Demzufolge kommt der Meckelsche Knorpel dazu, sich

[1]) Soweit ich durch Prüfung unter dem Mikroskop habe feststellen
können, ist keiner dieser Fortsätze abgebrochen.

gleichsam an der medialen Seite des Hammers ein Stück rückwärts fortzusetzen (Stadd. X und XI). Die Resorption wird schon im Anfang des 5. Monats eingeleitet, und tritt dann zwar grösstenteils in der lateralen und in der medialen Seite des Meckelschen Knorpels auf; später rückt sie von allen Seiten gegen das Centrum hinein. Dadurch erklärt sich, dass der Processus longus (Folii) in den späteren Stadien (s. Figg. 12—14 Taf. C!) weiter nach unten vom Meckelschen Knorpel zu liegen kommt. — Gleichwie wir es bei der Resorption gesehen, die die Bildung der Crista mallei hervorruft, wird auch hier das Knorpelgewebe durch fibrilläres Bindegewebe ersetzt.

Der Hammergriff ist, wie erwähnt, anfangs sehr kurz. Er wächst jedoch recht schnell, sodass er schon im 3. Monat ungefähr so lang ist, wie Caput und Collum zusammen (vergl. Figg. 1 und 3 Taf. E). Während dieses Wachstums scheint er einem auswärts gerichteten Druck ausgesetzt zu sein, der nach und nach den Winkel (ursprünglich nicht 120° überschreitend) zwischen dem Griff und dem übrigen Malleus erweitert. Im Anfang des 3. Monats (Stadien V und VI) hat sich dieser Winkel bis 135° erweitert, und in der Mitte desselben Monats (Stad. VII) hat er seine definitive Grösse, 140° erreicht. Von jetzt ab scheint der obere Teil des Manubrium grössere Festigkeit erreicht zu haben, denn, obgleich der Druck von innen (oder Zug nach aussen?) fortdauert, wird der besprochene Winkel nicht mehr erweitert. Dagegen tritt hierdurch an der Spitze des Hammergriffes, die aus jungem, mehr nachgiebigem Gewebe besteht, nach und nach eine Biegung nach aussen (und etwas nach vorn) ein. Dadurch entsteht die später persistierende S-förmige Biegung des Hammergriffes (s. Figg. 4 u. 10 Taf. F).

Der Processus brevis (lateralis) erscheint bei seiner ersten Anlegung am Ende des 2. Monats als ein recht grosser, abwärts gerichteter Blastemauswuchs (Figg. 6 und 7 Taf. C P. l.).

gleichzeitig damit, dass das Manubrium sich mehr abwärts richtet, — und infolgedessen — wird dieser Auswuchs nach und nach auswärts gerichtet (vergl. Figg. 1, 4 und 10 Taf. F!)

Das Auftreten des Processus muscularis ist nicht konstant. Bei Individuen, wo ein solcher vorkommt, wird er gleich vor dem Ende des dritten Monats (s. Stad. VIII!) oder etwas früher (Gradenigo) gebildet, wahrscheinlich infolge einer Zugwirkung des vorher gebildeten Musculus tensor tympani. Bei den Embryonen, die ich untersucht, habe ich einen gewissen Gegensatz zwischen der Entwickelung des Processus muscularis mallei und der des oberhalb der Fenestra ovalis hervortretenden Auswuchses, an dem sich das von mir sogen. Ligamentum trochleare befestigt, beobachten können. Bei den Embryonen, wo der Processus muscularis mallei stark entwickelt, oder wenigstens deutlich war, war der erwähnte Cochlearfortsatz (s. Fig. 5 S. 587 a!) schwächer entwickelt, und umgekehrt. Hieraus schliesse ich, dass sie wahrscheinlich beide durch das Ziehen des Muskels entstehen, und dass es wahrscheinlich in der Resistenz des Malleolargewebes im Vergleich mit der des Cochlearkapsel-gewebes seinen Grund hat, ob ein Processus muscularis mallei entsteht oder nicht. — Der Auswuchs sitzt am medialen Rande des Hammers ungefähr mitten vor dem Processus lateralis oder etwas weiter nach oben (Fig. 4 Taf. F).

Der Musculus tensor tympani wird schon am Ende des 2. Monats angelegt. Sein distales Ende hängt mit dem Musculus tensor veli palatini zusammen. Diese Ver-bindung hört bei einigen Individuen schon am Ende des 3. Monats auf (Stad. IX), bei anderen kann sie, wie bekannt (s. Schwalbe [52, S. 508!) das ganze Leben hindurch bestehen. Beide Muskeln, die dem ersten Visceralbogen angehören, werden von dem Nerv dieses Bogens, dem N. trigeminus, innerviert. — Der Musculus tensor tymp. ist schon früh winkelig gebogen. Ob diese Winkel-biegung primär ist, oder durch sekundäre Verschiebung der

Befestigungsstellen entsteht, lässt sich an meinen Präparaten nicht mit Sicherheit entscheiden. — Am Ende des 3. Monats wird die mediale, membranöse Partie des Tegmen tympani angelegt. Der vorwärts und abwärts gerichtete Teil des Musculus tensor tymp. wird dann in dieser Membran eingebettet (s. Fig. 10!)

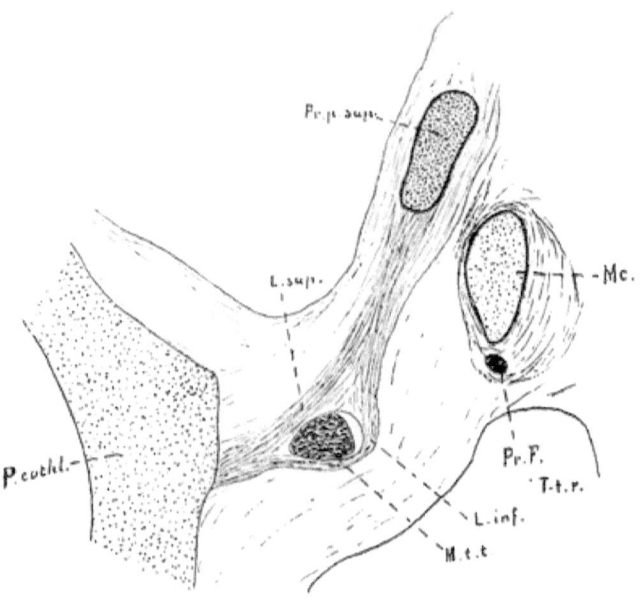

Fig. 10. ²/₁.

Frontalschnitt. Embr. IX.

L. sup. Lamina superior, L. inf. Lamina inferior der Pars membranacea Tegminis tympani, Pr. p. sup. Processus perioticus superior = Pars cartilaginea Tegminis tymp., M. t. t. Musculus tensor tympani, P. cochl. Pars cochlearis der Labyrinthkapsel, Mc. Meckelscher Knorpel Pr. F. Processus Folii, T-t. r. Tubotympanales Raum.

d. h. in einer von einer oberen (L. sup.) und einer unteren Lamelle (L. inf.) gebildeten Scheide eingeschlossen. An der Umbiegungsstelle des Muskels sind die Bindegewebsfasern der unteren Lamelle zu einem in diesem Stadium sehr distinkten

Bande gesammelt, dass ich Ligamentum trochleare (s. Fig. 5 S. 587 Lig. tr.) genannt habe. Der laterale Teil desselben befestigt sich an dem knorpelpräformierten Teil des Tegmen tympani (Processus perioticus superior, Gradenigo); der mediale Teil an dem obenerwähnten Auswuchs gleich über der Fenestra ovalis (a). Durch dieses Ligament wird nun die betreffende Winkelbiegung fixiert und die Sehne muss bei der Kontraktion des Muskels, gleichwie die Sehne des Musculus obliquus oculi superior über die Trochlea, darüber gleiten.

Die eigenen Ligamente des Hammers beginnen erst am Ende des 5. Monats sichtbar zu werden.

B. Incus.

Der Amboss nimmt zuerst von allen Gehörknöchelchen eine dem definitiven Aussehen entsprechende Form an. Schon Anfang des 3. Monats hat er die Gestalt eines „zweiwurzeligen Backzahns" (s. Fig. 2 Taf. F!). Der Winkel zwischen den beiden Crura ist doch auf diesem Stadium (Stad. V) kleiner (nur 70°) als bei dem fertigen Amboss. Die laterale Wölbung des Corpus ist schon von Anfang an die mächtigste und erhebt sich bei den jüngeren Stadien über das Caput mallei; die kleinere mediale Wölbung sitzt bedeutend niedriger. Zwischen ihnen sieht man von hinten schon in dem erwähnten Stadium (Stad. V) eine recht tiefe Incisur.

Was die Gelenkfläche betrifft, kann ich mich kurz fassen. Sie bildet ja so zu sagen einen Abdruck der entsprechenden Malleusgelenkfläche mit Erhöhungen für die Furchen derselben und umgekehrt. Nachdem die Nebenfacetten angelegt (Stadd. IV und V), bildet jede der Hauptfacetten einen Gelenkkopf, der in eine entsprechende Gelenkpfanne am Malleus passt. Der Sperrzahn des Incus wird gleichzeitig mit dem des Malleus angelegt.

Das Crus breve ist anfangs abwärts gerichtet und streckt sich erst nach und nach mehr rückwärts. Der vordere (später

untere) Rand zeigt bei einigen Individuen am Ende des dritten
Monats eine kleine Vertiefung, die durch eine Knorpelresorption
an der betreffenden Stelle entstanden scheint. Ihr Auftreten
ist jedoch nicht konstant. — Das freie Ende des Crus breve,
das beim Auftreten von Vorknorpel in demselben deutlich von
der Labyrinthkapsel begrenzt worden ist, verbindet sich mit
dieser durch eine persistierende Blastemschicht. Diese Blastemschicht, die den Zwischenscheiben der übrigen Gelenke gleichwertig
ist, bleibt lange unverändert, und fängt erst im Anfang des
4. Monats an in ihrem peripherischen Teil fibrilläre Struktur anzunehmen. Hierdurch entsteht (gleichwie bei der Bildung des
Hammer-Amboss-Gelenkes) eine Gelenkkapsel, deren unterer
Teil am stärksten ist. Bei einigen Individuen tritt am Ende
des 5. Monats ein Bersten in der Zwischenscheibe ein, und es
entwickelt sich eine wirkliche Gelenkspalte. Bei anderen verwandelt sich dagegen die ganze Zwischenscheibe in fibrilläres
Bindegewebe und die Amboss-Pauken-Verbindung wird dann
eine Syndesmose.

Das Crus longum ist von Anfang an mit dem Hammergriff annähernd parallel. Anfangs ganz gerade, nimmt es nach
und nach die charakteristischen Biegungen an. Der Grund derselben mag wohl teils im Längenwachstum des Crus longum
selbst — nachdem der Steigbügel hinlänglich in der Fenestra
ovalis fixiert ist — teils in den vorerwähnten Verschiebungen bei
dem Wachsen der Labyrinthkapsel zu suchen sein. Schon am
Anfang des 3. Monats lassen sich diese Biegungen beobachten;
sie nehmen später nach und nach zu. Zugleich vergrössert
sich auch der Winkel zwischen den beiden Crura, sodass er
gleich vor der Verknöcherung ca. 100° erreicht.

Der knopfförmige Processus lenticularis wird erst
Ende des 5. Monats angelegt, wenn der Amboss sonst fast ganz
verknöchert ist. Bis dahin zeigt das medianwärts scharf umge-
bogene Ende des Crus longum eine ebene Kontur ohne Ein-

schnürung. Wahrscheinlich ruft es der durch den Stapes ver-
mittelte Druck hervor, dass sich die zuletzt gebildete, weichere
Partie des langen Ambossschenkels zu einem solchen knopf-
förmigen Gebilde ausbreitet. Die medianwärts gekehrte Fläche
ist leicht konvex und bildet den Gelenkkopf des Incus-Stapes-
Gelenkes. — Das bei den fertigen Gehörknöchelchen beobachtete
Verhältnis, dass die Spitzen des Crus breve und des Crus
longum vom Amboss sowie des Manubrium des Hammers nahezu
in einer geraden Linie liegen (Helmholtz), existiert schon von
Anfang des 3. Monats ab.

C. Stapes.

Die Entwickelung des Steigbügels ist während dieser Periode
von besonders grossem Interesse. Sie zeigt nämlich, dass der
Stapesursprung einfach ist, oder mit anderen Worten, dass auch
die Lamina stapedialis ein Derivat des Hyoidbogens ist.

Die Steigbügelanlage behält recht lange ihre kreisrunde Form. Erst am Ende des 3. Monats fängt sie
an, ihre definitive Gestalt anzunehmen. Dieses wird
wahrscheinlich durch einen — um diese Zeit entstehenden —
erhöhten intralabyrinthären Druck bewirkt, der nach und nach
die in der Fenestra ovalis sitzende Partie des Ringes flach
macht. Die beiden hiermit entstehenden Crura stapediales, die
im Beginn relativ kurz sind, werden in der Regel schon von
Anfang etwas verschieden lang — das vordere Crus etwas
kürzer als das hintere — weil es nicht die mitten vor der Befestigungsstelle des Incus liegende Partie ist, die sich an die
Labyrinthkapsel gelegt, sondern ein etwas weiter nach vorn liegendes Stück des Ringes. Infolge des obenerwähnten Druckes von der
Labyrinthflüssigkeit einerseits und vom Stapesring andererseits,
erleidet das ursprüngliche Gewebe im ovalen Fenster nach und
nach eine fast vollständige Atrophie. Diese Labyrinthkapselpartie

besteht, wie erwähnt, anfangs aus Blastem, das jedoch mit Hämatoxylin bedeutend weniger färbbar ist als das Blastem des Stapesringes (s. Fig. 1 Taf. B!). Wenn der übrige Teil der Labyrinthkapsel in Vorknorpel- und später in Jungknorpel übergeht, bleibt im ovalen Fenster das Gewebe lange auf dem Blastemstadium stehen und geht erst im 3. Monat in Vorknorpel über. Mitte desselben Monats ist diese Zellenschicht noch recht mächtig (Dicke: 0,1 mm, Dicke der Steigbügelplatte: 0,22 mm.), siehe Fig. 2 Taf. B, Am Ende desselben Monats (s. Fig. 3 Taf. II!) findet man aber zunächst medial vom Stapesring, dessen Grenze noch deutlich ist, wenn auch nicht so scharf markiert wie früher, nur eine dünne Zellenschicht von vorknorpeligem Aussehen (Lam. fen. ov.). Gerade vor der stärksten Wölbung der Stapesbasis besteht diese Zellenschicht nur aus einer doppelten Reihe von Vorknorpelzellen, nach oben und nach unten ist sie aber stärker. Medial von dieser Vorknorpelschicht sieht man eine dünne Schicht von abgeplatteten, bedeutend kleineren Zellen, die sich in das innere Perichondrium der Labyrinthkapsel direkt fortsetzen und dasselbe Aussehen zeigen, wie dessen Zellen. Mitten zwischen der Peripherie der Stapesbasis und dem knorpeligen Rand der Fenestra ovalis hängt diese Zellenschicht mit der Anlage des Ligamentum annulare baseos stapedis (Lig. ann.) zusammen, dessen Zellen noch ein blastematöses Aussehen haben und ihrerseits in das äussere Perichondrium der Labyrinthkapsel übergehen.

Der intralabyrinthäre Druck nimmt — nehme ich an — während der folgenden Zeit noch mehr zu. Hierdurch werden auch die letzten Vorknorpelzellen mitten vor der Stapesbasis abgeplattet und zum grossen Teil atrophirt; die Stapesbasis wird dünner und mehr abgeplattet und ihre Kanten rücken ein wenig ausserhalb der Befestigungspunkte der Crura vor (s. Fig. 4 Taf. B!).

Erst jetzt (im Anfang des 5. Monats) hat der Steigbügel einigermassen seine definitive Gestalt erreicht. Seine Gesamtlänge von der Vestibularseite der Basis bis zum Ende des Capitulum ist nur ungefähr halb so gross (1,68 mm) wie die definitive. — Die Stapesplatte, die auf den frühzeitigeren Stadien (s. Fig. 1 Taf. B!) im Querschnitt kreisrund war, wird am Ende des 3. und während des 4. Monats abgeplattet, so dass die Schnittfläche die Form der einer Augenlinse (mit der stärksten Konvexität nach aussen) erhält (s. Fig. 3 Taf. B!). Die Crura halten sich dagegen während des ganzen Knorpelstadiums cylindrisch, d. h. im Querschnitt kreisrund; sie sind diese ganze Zeit hindurch gleich dick. — Das Capitulum wird erst Ende des 3. Monats angelegt. Die zuerst gerade Verbindungsfläche gegen das Crus longum incudis zeigt um diese Zeit eine seichte Vertiefung, die Anlage der Gelenkpfanne. Ungefähr gleichzeitig wird die Gelenkkapsel als fibrilläre Streifen an der Peripherie der Zwischenscheibe angelegt. Anfang des 5. Monats wird die Gelenkhöhle durch Bersten der Mittelpartie der Zwischenscheibe angedeutet.

Der Musculus stapedius hat bei seinem ersten Auftreten einen vollkommen geraden Verlauf. Er wird erst um die Mitte des 3. Monats angelegt, also später als der Muskel des Hammers. Bei meinem Embryo VII sieht man ihn von einem kleinen Knorpelhöcker ausgehen, der an der unteren Grenze der Pars can. semicirc. ein Stück unterhalb der Befestigungsstelle des Hyoidbogens sitzt. Von diesem Höcker (s. Fig. 3 Taf. E Pr. st.!), den ich Processus musculi stapedii genannt habe, streckt sich der Muskel in gerader Linie aufwärts und medial durch das vom Laterohyale vorn begrenzte Foramen stylomastoideum primitivum. Da wo er durch dieses passiert, kreuzt ihn an der Vorderseite der Nervus facialis, worauf sich der Muskel medial von diesem Nerv aufwärts zur hinteren unteren Seite des Steigbügelköpfchens fortsetzt, wo er unmittelbar an der Gelenkkapsel inseriert.

Ob das proximale Bruchstück des Interhyale an der Bildung des Musculus stapedius Teil nimmt, habe ich nicht mit Sicherheit feststellen können. Es scheint mir jedoch nicht ganz unwahrscheinlich. Seine Lage entspricht nämlich vollkommen dem Insertionspunkte des Muskels, und bei meinem Stadium VI (unmittelbar vor dem Auftreten des Muskels) ist dieses Bruchstück des Interhyale noch vorhanden.

Kurz nach der Bildung des Muskels sieht man das Bindegewebe zunächst um ihn herum ein fibrilläres Aussehen annehmen. Die Fibrillen, die die mittlere Partie desselben umgeben, ordnen sich zu einer Art Ligament (Fig. 11 Lig. m st.), das vom unteren, hinteren Rande des ovalen Fensters sich schräg nach oben und aussen zum medialen Rande der Befestigungsstelle des Hyoidbogens an der Pars can. sem. streckt. Dieses Ligament wird von dem Muskel (M. st.) durchbohrt. Nach hinten setzt es sich in eine dünne, bindegewebige Platte (Fig. 12 a.) fort, deren mediale Partie die Fascie des Muskels bildet. Der M. stapedius wird also gleichwie der M. tensor tympani in einer quer ausgespannten Bindegewsbeplatte einlogiert. Erst nachdem dieses Ligament gebildet ist, nimmt der Muskel nach und nach seine definitive Winkelbiegung an, wahrscheinlich dadurch, dass das Ligament und die sekundäre Verschiebung des Steigbügels zusammenwirken. — Anfang des 7. Monats werden sowohl die genannte Bindegewebsplatte, wie das Ligamentum musculi stapedii verknöchert. Der mediale Teil des letzteren bildet dann die zarte Knochenspange zwischen der Eminentia stapedii und dem Promontorium.

Das Ligamentum annulare baseos stapedis wird aus dem der Labyrinthkapsel angehörenden, in der Peripherie des ovalen Fensters liegenden Blastem gebildet. Dieses nimmt Anfang des 5. Monats sowohl in seiner lateralen, wie in seiner medialen Partie ein fibrilläres Aussehen an. Die mittleren Zellen sind dagegen auch jetzt noch Blastemzellen am meisten ähnlich.

Auf die Entwickelung der proximalen Hälfte des Hyoid-bogens nach der Atrophie des Interhyale will ich in diesem Zusammenhang mit einigen Worten eingehen. Wie schon erwähnt, tritt in dem lateralen Gabelzweig (dem Laterohyale) des Hyoidbogens ein besonderer Vorknorpelkern auf, der durch

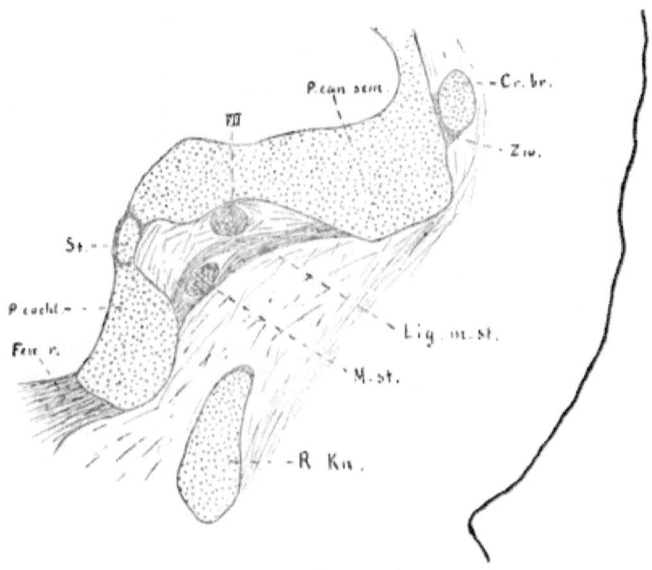

Fig. 11.   ²⁵₁.

Embr. VII. Frontalschnitt. Fen r. Fenestra rotunda, P. cochl. Pars cochlearis, P. can. sem. Pars canalium semicircularium der Labyrinthkapsel, St. hinterer Teil der Steigbügelbasis VII. N. facialis, Cr. br. Crus breve incudis. Zw. Zwischenscheibe, Lig. m. st. Ligamentum musculi stapedii, M. st. Musculus stapedius, R. Kn. Reichertscher Knorpel. Die Linie zur Rechten bezeichnet die laterale Kontur des Kopfes.

Zwischenscheiben (von persistierendem Blastem) sowohl von der Labyrinthkapsel, wie vom übrigen Teil des Hyoidbogens abge-trennt ist (s. Fig. 5 Lh. Taf. Bl). Um Mitte des 3. Monats verschwindet die erstere Zwischenscheibe und das Laterohyale

tritt dadurch mit der Labyrinthkapsel in direkte Verbindung.
Bei einem Embryo von 55 mm Sch. St. L. ist dagegen die
Zwischenscheibe zwischen dem Laterohyale und dem Reichertschen Knorpel noch stark markiert (s. Fig. 12 A. Zw.!). Ende
des 3. Monats geht aber auch diese Zwischenscheibe in Vor-
und Jungknorpel über, sodass bei einem Embryo von 90 mm
Totallänge keine histologische Grenze zwischen diesen Teilen
mehr zu entdecken ist (s. Fig. 12 B.!). Sie sind jedoch noch
immer dadurch recht deutlich begrenzt, dass teils das
Laterohyale in seinem unteren Teil bedeutend dünner ist als
der zunächst liegende Teil des Hyoidbogens, teils diese beiden
Partien von Anfang an einen deutlichen Winkel mit einander
bilden. Diese Winkelbiegung nimmt nach und nach, zweifels-
ohne durch des Ziehen der Chorda tympani, immer mehr zu.
Hierdurch erhält das Laterohyale schon am Ende des 3. Monats
eine Richtung gerade medialwärts. Es bildet jetzt die vordere
(und laterale) Begrenzung eines Loches, durch welches der Musculus
stapedius, der Nervus facialis und ein Paar Blutgefässe passieren
und das ich Foramen stylomastoideum primitivum
genannt habe. Dieses Loch wird im 5. Monat vollständig begrenzt, indem der Reichertsche Knorpel ganz an die laterale
Wand der Pars cochlearis stösst. Gleich unterhalb der Kon-
taktstelle biegt sich der Reichertsche Knorpel fast gerade nach
vorn und unten (s. Fig. 3 Taf. E H.!).

Vergleichen wir nun die Rekonstruktionsbilder des Hyoidbogens mit dem späteren Processus styloideus, so wie dieser
von Politzer (65) beschrieben ist, so finden wir, dass das
Laterohyale wahrscheinlich gar nicht oder wenigstens nur
teilweise zur Bildung desselben beiträgt. Den von Politzer
beschriebenen „kolbigen Kopf, welcher in einer grubigen Vertiefung unterhalb der Eminentia pyramidalis lagert", erkennen
wir in der Anschwellung des Hyoidboges wo sich früher die
Gabelzweigung fand, d. h. gleich unterhalb des Laterohyale.

Dass — wie es Dreyfuss (10) hervorgehoben, auch das Laterohyale (sein „Intercalare") und ein Teil der Labyrinthkapsel in der Bildung des Processus styloideus Politzer eingehen sollten, muss ich bestimmt bestreiten.

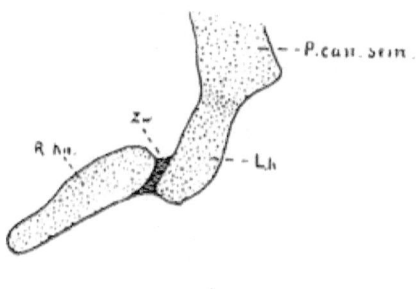

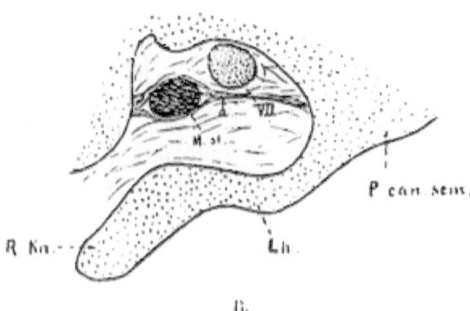

Fig. 12. ⁷⁵/₁.
A. Embryo VII. B. Embryo VIII.
P. can. sem. Pars canalium semicircularium, Lh. Laterohyale, Zw. Zwischenscheibe, R. Kn.
Reichertscher Knorpel, VII. N. facialis, M. st. Musculus stapedius.

Zusammenfassung.

Der Hammer hat anfangs wenig Ähnlichkeit mit dem späteren Knöchelchen; das Manubrium ist kurz und dick und mehr einwärts gerichtet; der Processus brevis (lateralis) kehrt

sich gerade nach unten und das Capitulum ist sehr klein und
liegt mit seiner höchsten Wölbung niedriger als die des Amboss.
Wenn indessen das Manubrium in die Länge wächst, wird es
zugleich — wahrscheinlich infolge eines auswärts wirkenden
Druckes — mehr abwärts gerichtet, wobei gleichzeitig der Processus brevis (lateralis) eine Richtung nach aussen einnimmt.
Mitte des 3. Monats erreicht der Winkel zwischen dem Griff
und dem übrigen Teil des Hammers seine definitive Grösse,
140°. Die Crista mallei entsteht erst Ende des 3. Monats
durch Resorption des zunächst darunter liegenden
Knorpels. — Der Processus longus (Folii) wird am Ende
des 2. Monats als ein äusserst feiner, an beiden Enden
freier Belegknochen an der unteren Seite des Meckelschen Knorpels angelegt. Sein distales Ende wächst nach und
nach, bis der Processus Mitte des 6. Monats seine definitive Länge
erreicht. Sein proximales Ende schmilzt mit dem Collum mallei
erst bei der Verknöcherung des Collum, d. h. Ende des 5. Monats,
zusammen. — Der Meckelsche Knorpel fängt etwas vorher
an zu atrophieren, und wird (zuerst in der Peripherie) durch Bindegewebe ersetzt. Erst bei der Verknöcherung des Hammers wird
er histologisch von diesem abgegrenzt. — Die Gelenkfläche
des Hammers zeigt schon Anfang des 3. Monats ungefähr das definitive Aussehen. Ihre grössere Hauptfacette ist jedoch um diese Zeit noch auswärts, die
kleinere rückwärts gerichtet. Durch eine Rotation
der ganzen Gehörknöchelchenkette erhalten sie Anfangs des 5. Monats ihre definitive Lage. — Der Musculus
tensor tympani wird schon am Ende des 2. Monats in Verbindung mit dem Musculus tensor veli palatini angelegt. Beim
ersten Auftreten der Pars membranacea des Tegmen
tympani sieht man den abwärts und vorwärts gerichteten Teil des Musculus tens. tymp. in einer
Scheide desselben eingelagert liegen. — Oben bilden die

Bindegewebsfasern der unteren Lamelle dieser Scheide ein distinktes Ligament, Ligamentum trochleare, um welches sich die Muskelsehne zur Insertionsstelle am oberen, medialen Teil des Manubrium herabbiegt. Zuweilen entwickelt sich hier ein Processus muscularis.

Der Incus nimmt schon im Anfang des 3. Monats — zuerst von allen Gehörknöchelchen — seine definitive Form an. Der Winkel zwischen den beiden Crura ist jedoch um diese Zeit etwas kleiner als später und das Crus breve ist mehr abwärts gerichtet. Von dem Auftreten des Vorknorpels in diesen Teilen ab, wird das Crus breve von der Labyrinthkapsel durch eine blastematöse Zwischenscheibe getrennt, die später ganz oder teilweise in Bindegewebe übergeht. Das Crus longum fängt am Anfang des 3. Monats an, die definitiven Biegungen anzunehmen. Ein eigentlicher knopfförmiger Processes lenticularis wird erst im 5. Monat gebildet.

Der Steigbügel wird allein aus dem vom Hyoidbogen stammenden Stapesringe gebildet. Der diesem gegenüberliegende Teil des Gewebes im ovalen Fenster erleidet eine fast vollständige Druckatrophie, so dass er am Anfang des 5. Monats nur als ein dünnes Perichondrium auf der Steigbügelplatte persistiert. Das in der Peripherie der Fenestra ovalis gelegene Blastem bildet das Ligamentum annulare baseos stapedis. — Ende des 3. Monats fängt die anfangs kreisrunde Form des Steigbügels an nach und nach in die definitive überzugehen, wahrscheinlich infolge eines um diese Zeit zunehmenden intralabyrinthären Druckes.

Der Musculus stapedius wird etwas später als der Muskel des Hammers angelegt. Er geht von einem kleinen Knorpelhöcker an der Labyrinthkapsel gleich unter der Befestigungsstelle des Hyoidbogens aus und verläuft anfangs gerade nach oben

und innen zu seinem Insertionspunkte am hinteren, unteren Teil
des Incus-Stapes-Gelenkes. Nachdem aber, Ende des dritten
Monats, ein Ligament gebildet worden, das sich vom unteren
Rande des ovalen Fensters zum medialen Rande der Befestigungsstelle des Hyoidbogens an der Labyrinthkapsel streckt und das
die Mitte des Muskels umschliesst, nimmt dieser bei den danach
eintretenden Verschiebungen seine definitive Winkelbiegung an.
— Der oberste Teil des Hyoidbogens bildet die äussere und
vordere Begrenzung des Foramen stylomastoideum primitivum;
das zunächst folgende Stück, dessen oberer Teil
kolbenförmig angeschwollen ist, bildet den Prozessus
styloideus Politzer.

III. Die Entwickelung der Gehörknöchelchen während und nach der Verknöcherung.

A. Ossifikation.

Während der letzten Hälfte des 5. Monats
fängt die Ossifikation der Gehörknöchelchen an.
Sie zeigt ganz denselben Verlauf wie in anderen knorpelpräformierten Knochen des Körpers. Bei Embryonen von 19—20 cm
Totallänge ist die Verknöcherung des Malleus und Incus in vollem
Gange; im Stapes sah ich die ersten Spuren der Ossifikation bei
einem Embryo von 20,5 cm Totallänge.

Der Hammer ossifiziert (abgesehen von dem Processus
longus) von einem einzigen Ossifikationszentrum
aus, das im oberen Teil des Collum auftritt. Von hier
aus schreitet die Verknöcherung nach und nach sowohl aufwärts
wie abwärts fort, wie am besten die Figg. 12—15 Taf. C zeigen.

Bei einem Embryo von 28 cm Totallänge sind das ganze Collum und das Capitulum mit Ausnahme der Partie zunächst an der Gelenkfläche verknöchert, ebenso wie die obere Hälfte des Griffes mit Ausnahme der Spitze des Processus lateralis und der Insertionsstelle des Musculus tensor tympani (Fig. 15 Taf. C). Bei einem Embryo von 32 cm hat die Verknöcherung des Processus lateralis ihre definitive Ausdehnung erreicht und die oberen $^3/_4$ des Griffes bestehen — mit Ausnahme des gegen die Membrana tympani kehrenden Randes — aus Knochen. Bei dem reifen Foetus hat die Ossifikation auch im Manubrium ihre definitive Ausdehnung erreicht (Fig. 16 Taf. C).

Der Amboss ossifiziert gleichfalls von einem einzigen Centrum aus, das sich im oberen Teil des Crus longum befindet. Von da aus schreitet die Verknöcherung erst weiter in das Crus longum hinab, dann quer über das Corpus fort; erst etwas später erreicht sie das Crus breve (Vergl. Figg. 1—6 Taf. D!). Bei einem Embryo von 24 cm (Fig. 6) ist das ganze Corpus mit Ausnahme der zunächst an der Gelenkfläche liegenden Partie, das Crus longum bis zum Angulus und das Crus breve bis auf die Spitze ganz hindurch verknöchert. Bei einem Embryo von 28 cm ist die Ossifikation im Crus longum über den Angulus in den Hals des Processus lenticularis fortgeschritten. Anfangs des 6. Monats ist letzterer mit Ausnahme der Gelenkfläche gegen den Steigbügel auch verknöchert. Es ist hervorzuheben, dass die Verknöcherung vom Crus longum in den Processus lenticularis hinein fortschreitet; derselbe hat also kein besonderes Ossifikationscentrum und kann somit nicht einmal mit einer Epiphysis gleichgestellt werden; noch weniger verdient er den Namen „Os lenticulare".

Der Steigbügel hat auch nur einen Ossifikationspunkt; und dieser liegt in der Regel in der Basis.

(Siehe Fig. 9 Taf. D!) Ausnahmsweise fand ich ihn im Crus posterius (Fig. 18; vielleicht hat er sich auch bei Stadium XIX [Fig. 13] dort befunden.) Von der Basis schreitet die Ossifikation allmählich die Schenkel hinauf in das Capitulum, wie die Figg. 9—12 und 14 Taf. D zeigen. Das Capitulum ossifiziert erst am Ende des 6. Monats. Die zunächst an die Gelenkfläche stossende Partie des Capitulum, die Kanten und die dem Vestibulum zugekehrte Fläche der Stapesbasis werden niemals verknöchert.

B. Schliessliche Formenentwickelung.

Der Hammer hat im ganzen schon vor der Verknöcherung seine definitive Form erreicht. Nur einige kleine Unebenheiten entstehen später.

Über die Grössenverhältnisse während verschiedener Entwickelungsperioden giebt nachstehende Tabelle Auskunft. (Zum Vergleich führe ich hier auch die Masse jüngerer Stadien an. Es ist jedoch zu bemerken, dass diese Masse von Rekonstruktionsbildern stammen und desshalb ungefähr 20% kleiner sind als sie geworden wären, wenn es möglich gewesen, die Knöchelchenanlagen aus den ungehärteten Material hervorzupräparieren und zu messen.)

Wie aus folgender Tabelle zu ersehen, hat der Hammer bei seiner ersten Anlegung als Vorknorpel schon eine Länge von 0,7 mm — oder wenn wir die 20% hinzurechnen, die er wahrscheinlich durch Schrumpfen während der Härtungs- und Einbettungsprozedur eingebüsst: 0,84 mm; d. h. er ist $^1/_{10}$ so lang wie der fertige Hammer. Um Mitte des 3. Monats ist er ungefähr $^1/_4$, Ende desselben Monats $^1/_2$ und Ende des 4. Monats ca. $^2/_3$ so lang wie dieser: und bei der Geburt hat er seine definitive Grösse erreicht.

	Länge des Embryos. (mm)	Totallänge des Hammers[1]	Länge des Hammergriffes[2]	Länge des Proc. longus (Folii)	Winkel zwisch. dem Griff u. übrigen Teil des Hammers
Embryo		mm	mm	mm	
Nr. IV	20,6 N.-St.-L.	0,7	0,31	—	120°
„ V	30,5 „	1,2	0,54	0,4	135°
„ VII	55 Sch.-St.-L.	2	1	0,8	140°
„ VIII	90 Tot.-L.	3,88	2,12	0,94	„
„ IX	180 „	4,92	2,72	ca. 2,2	„
„ XX	210	7	4	3,4	„
„ XXIV	240	8	4,4	3,5	„
„ XXX	500	8,4	4,9	3,5	„
Hammer ein. Erwachsenen		8,4	4,9	—	„
„ des Erwachsenen nach Urbantschitsch (61)		7—9,2	4,2—5,6		

Der Amboss hat, nachdem der Winkel zwischen den beiden Crura während des 4. Monats zu 100° vergrössert und der Processus lenticularis am Ende des Knorpelstadiums angelegt worden, auch vor der Verknöcherung seine definitive Form. Die Grössenverhältnisse während der verschiedenen Entwickelungsstadien sowohl vor wie nach der Verknöcherung betreffend, verweise ich auf nachstehende Tabelle (S. 646).

Der Amboss ist also anfangs verhältnismässig grösser als der Hammer. Ende des dritten Monats ist er aber ca. ½ so lang (die Länge zwischen der Spitze des Crus breve und der höchsten, lateralen Wölbung des Corpus liegt

[1] In gerader Linie zwischen der höchsten Wölbung des Köpfchens und der Spitze des Griffes gemessen.
[2] Vom oberen Rande der Befestigungsstelle des Processus lateralis gemessen.

| | Länge des Em-bryos (mm) | Entfernung zwischen der Spitze | | Winkel zwischen den beiden Crura des Amboss |
		des Crus breve u. der höchsten lateralen Wölb-ung des Corpus incudis	des Crus longum u. der höchsten medialen Wölb-ung des Corpus incudis	
Embryo		mm	mm	
Nr. V	30,5 N.-St.-L.	0,8	0,7	70°
„ VII	55 Sch.-St.-L.	1,25	1,20	80°
„ VIII	90 Tot.-L.	2,3	2	90°
„ IX	180 „	2,6	2,3	100°
„ XX	210	3,8	3,5	„
„ XXIV	240	4,5	3,8	105°
„ XXX	500	5,2	4	100°
Amboss eines Erwachsenen		5,8	4	„
„ des Erwachsenen nach Urbantschitsch (61)		4,8—6,3	3—5,2	100°—105°

dieser Berechnung zu Grunde) wie das fertige Knöchelchen — ebenso wie der Hammer. — Ende des 4. Monats ist er unge-fähr 2/3 so lang wie der fertige Incus; und bei der Geburt hat er seine definitive Grösse erreicht.

Der S t e i g b ü g e l ist gleich vor der Verknöcherung be-deutend klumpiger als das fertige Knöchelchen. Sein Umkreis ist ungefähr von derselben Grösse wie bei diesem (die Länge von der Basis bis zum Ende des Capitulum ist jedoch etwas kleiner), aber sowohl die Basis, die während der letzten Zeit des Knorpelstadiums bedeutend an Dicke zugenommen (siehe Fig. 7 Taf. B!), wie die Schenkel sind bedeutend dicker und das Spa-tium intercrurale folglich kleiner (siehe Fig. 9 Taf. D!). Gleich nach Eintritt der Verknöcherung fängt jedoch ein Resorptionsvorgang an, der dem Steigbügel sein definitives Aussehen verleiht. Die Resorption schreitet in derselben Ordnung wie die Ossifikation fort. Schon ehe das Capitulum ganz verknöchert, fängt der Resorptionsprozess im lateralen — d. h. gegen das Spatium

intercrurale kehrenden — Teil der Basis an. Diese Resorption verläuft in zwei, in der Längsrichtung der Basis liegenden Abteilungen, einer oberen und einer unteren (Fig. 13 a u. b). Zwischen
diesen persistiert in der Regel eine feine Knochenleiste, die
„Crista stapedis" (Fig. 13 Cr. st.). Diese entsteht also nicht
durch eine partielle Ossifikation der zwischen der Basis und den
Schenkeln ausgespannten Schleimhautduplikatur (Eysell (11).

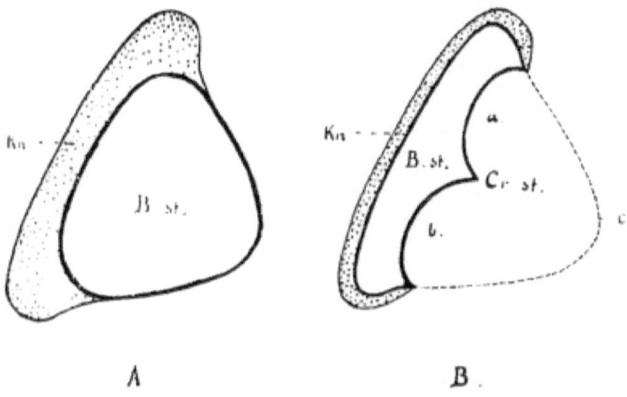

A   B.

Fig. 13.
Schema der Knochenresorption der Basis stapedis.
A Querschnitt der Steigbügelplatte des Embryo XI (24 cm). B. st. die verknöcherte Basis
Kn. Knorpelüberzug derselben.

B. Querschnitt der Steigbügelplatte (B st.) nach der Knochenresorption. Die Linie c bezeichnet
den vorigen Kontur; a. oberes, b. unteres Resorptionscentrum, Cr. st. Crista stapedis, B. st.
Knöcherne Steigbügelplatte, Kn. Knorpelüberzug derselben.

Schon Ende des 6. Monats erhält die Stapesbasis ihre definitive
Dünnheit.

Nach und nach schreitet die Resorption von der Basis aufwärts an den gegen das Spatium intercrurale liegenden Seiten
der beiden Schenkel. Anfang des 7. Monats haben die unteren
Hälften desselben ihre definitive Dünnheit erreicht, und bei
den reifen Fötus hat der Steigbügel ganz seine definitive Form

(vergl. Figg. 14—16 Taf. D!). — Die Schenkel sind unmittelbar nach der Verknöcherung im Querschnitt kreisrund (siehe Fig. 14 A): infolge der Resorption werden sie dann auf der gegen das Spatium intercrurale kehrenden Seite nach und nach ausgehöhlt, so dass sie im Durchschnitt sichelförmig werden (Fig. 14 B). So entsteht der Sulcus stapedis. Gewöhnlich setzt sich die Resorption im vorderen Schenkel noch etwas nach dem Aufhören derselben im hinteren fort; dadurch wird der Vorderschenkel des fertigen Steigbügels meistens etwas feiner als der Hinterschenkel.

Die Grössenverhältnisse in den verschiedenen Entwickelungsstadien sind aus folgender Tabelle am besten zu ersehen.

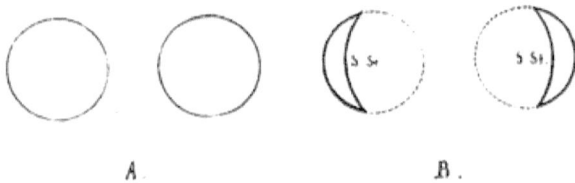

Fig. 14.

Schema der Knochenresorption in den Stapesschenkeln. A. Querschnitt der Schenkeln vor B nach der Resorption, S. st. Sulpus stapedis.

Im Anfang des Vorknorpelstadiums ist die Länge des Steigbügels fast $\frac{1}{10}$ der definitiven; Ende des 3. Monats etwas mehr als $\frac{1}{3}$; Ende des 4. ca. $\frac{1}{2}$. Seine definitive Länge erreicht er Anfang des 7. Embryonalmonats.

Die Ligamente des Hammers entwickeln sich erst nach der Verknöcherung. Etwas früher wird jedoch das Ligamentum mallei anterius angelegt. Seine Bildung fällt mit dem Eintreten der Resorption im Meckelschen Knorpel zusammen. An der Stelle der resorbierten Knorpelzellen in der Peripherie des Meckelschen Knorpels finden wir nämlich schon im Anfang des 5. Monats starke Fibrillenbündel. — Bei einem Embryo von 24 cm (dem ältesten Embryo, dessen ganzen Gehörapparat ich

Länge des Embryos (mm)	Gesamtlänge des Stapes von der Vestibularseite der Basis bis zum Ende des Capitulum	Breite des Stapes von der Mitte beider Schenkel ausgemessen	Dicke der Basis	Dicke der Crura
Embryo	mm	mm	mm	mm
Nr. IV 20,6 N.-St.-L.	0,34	0,34	0,14	0,14
„ V 30,5 „	0,4	0,4	0,16	0,16
„ VII 55 Sch.-St.-L.	0,75	0,75	0,22	0,22
„ VIII 90 Tot.-L.	1,1	1,1	0,2	0,3
„ IX 180 „	1,4	1,2	0,19	0,3
„ XX 210 „	2,7	2,4	0,7	0,65
„ XXIV 240 „	2,85	2,2	0,65	0,6
„ XXVIII 290 „	3,1	2,4	0,2	0,4
„ XXX 500 „	3,3	2,3	0,15	0,2
Stapes eines Erwachsenen	3,3	1,8	0,15	0,2—0,3
„ d. Erwachsenen nach Urbantschitsch (61)	3,2—4,5	1,8—3,5		

mikrotomiert) sind weder Ligamentum mallei externum noch Ligamentum mallei superius zu sehen. Dagegen sind zwei andere Ligamente, deren Existenz sehr umstritten gewesen, bei diesem Embryo (Stad. XI) stark entwickelt. Das Eine von diesen ist Toynbees (58) „Tensor ligament", das andere Schäfers (49) „Inferior ligament of the malleus" (siehe Seite 593!). Toynbees „Tensor ligament" ist auch bei Embryo X deutlich. Ob Schäfers „Inferior ligament" eine konstante Bildung ist, lässt sich nur mit der Leitung des obenerwähnten, einzigen Stadiums nicht feststellen.

Das Tegmen tympani wird von einem knorpeligen, lateralen Teil, Processus perioticus superior Gradenigo, und einem bindegewebigen, medialen Teil gebildet. In einer Scheide des letzteren lagert sich der Musculus tensor tympani ein. Die Verknöcherung des Tegmen tympani fängt Ende des 5. Monats sowohl im knorpeligen wie im mem

branösen Teil an. Sie beginnt an der Grenze dieser Teile und
schreitet von da ab sowohl medial- wie lateralwärts. Bei einem
Embryo von 28 cm hat sie noch nicht die Scheide des Musculus
tensor tympani betroffen. Der knöcherne Canalis pro tensore
tympani entsteht erst während der ersten Hälfte des 7. Embryonalmonats.

Obwohl die Bildung des Annulus tympanicus, streng
genommen, nicht in den Bereich dieser Untersuchung kommt,
will ich sie doch mit einigen Worten berühren.

Der Annulus tympanicus entwickelt sich nicht
aus drei Knochenpunkten („je einem für das Mittel-, das
vordere und das hintere Endstück"), wie Rambaud und Renault (43) behaupten und wie es noch in neueren Lehrbüchern
Graf Spee [56]) zu lesen ist. Er wird Anfang des 3. Monats im
Winkel zwischen dem Malleus und dem Meckelschen Knorpel
in Form einer freien, aufwärts (gegen den Meckelschen Knorpel)
konkaven Knorpelplatte angelegt (siehe Fig. 11 Taf. C!). Medialwärts läuft dieser in eine Spitze aus, die sich nach und nach
medial- und abwärts im Rande der Membrana tympani verlängert. Mitte des 3. Monats bildet er einen halbkreisförmigen
Bogen, dessen Spitze sich unmittelbar über dem Hyoidbogen befindet (siehe Fig. 8 Taf. C Ann. l.). Die Crista spinarum und der
Sulcus malleolaris sind schon in diesem Stadium angedeutet. —
Während der zunächst folgenden Zeit wächst die erwähnte Spitze
aufwärts, auswärts und etwas vorwärts, so dass der Bogen Ende
des 3. Monats fast fertig ist. Sein Radius ist jedoch um diese
Zeit ungefähr viermal kleiner als bei der Geburt. Der Sulcus
tympanicus ist noch nicht angedeutet, sondern der Ring ist im
Querschnitt kreisrund; erst im Laufe des 4. Monats entsteht der Sulcus tympanicus. Die Spina tympanica posterior und anterior sowie das Tuberculum tympanicum anticum
und posticum treten erst Ende des 5. Monats deutlich hervor.
— Der Ring erweitert sich während des Wachstums nach und

nach. Sein grösster Radius ist Mitte des 4. Monats ungefähr
½ und Mitte des 5. ungefähr ¾ des Annulusradius des reifen
Fötus.

Zusammenfassung.

Die Ossifikation der Gehörknöchelchen, die ganz
denselben Verlauf wie die Ossifikation in anderen
knorpelpräformierten Knochen zeigt, fängt während
der letzten Hälfte des 5. Monats an. Die Ossifikation des
Malleus und Incus hat bei Embryonen von 19—20 cm schon
begonnen; die des Stapes sieht man im allgemeinen erst bei
Embryonen von ca. 21 cm. — Die als Knorpel präformierte
Hammeranlage hat nur einen Ossifikationspunkt. Von diesem
— im Collum liegenden Punkte — aus schreitet die Ossifikation
sowohl nach oben wie nach unten weiter. Der schon bei Embryonen von 3 cm N.-St.-L. als ein Belegknochen unter dem
Meckelschen Knorpel angelegte Processus longus (Folii) tritt
bei der Entstehung dieses Knochenkerns in direkte Verbindung
mit dem Hammer. Bei dem reifen Fötus hat die Ossifikation des
Hammers ihre definitive Ausdehnung erreicht.

Der Amboss ossifiziert gleichfalls von einem einzigen Centrum
aus, das sich im oberen Teil des Crus longum befindet. Der
Processus lenticularis hat kein besonderes Ossifikationscentrum
und kann somit nicht einmal einer Epiphysis gleichgestellt
werden; noch weniger verdient er den Namen „Os lenticulare".
Bei dem reifen Fötus hat die Ossifikation ihre definitive Ausdehnung.

Der Steigbügel hat auch nur einen Ossifikationspunkt,
und dieser liegt in der Regel in der Basis. Von hier aus schreitet
die Ossifikation allmählich die Schenkel hinauf in das Capitulum,
das am Ende des 6. Monats ossifiziert.

Der Hammer ist bei seiner ersten Anlegung als Vorknorpel
¹/₁₀ so lang wie der fertige Hammer; Ende des 3. Monats ist

er $^{1}/_{2}$ so lang wie dieser; und bei der Geburt hat er seine definitive Grösse und Form erreicht.

Der Amboss ist anfangs verhältnismässig grösser als der Hammer. Ende des 3. Monats ist er jedoch wie dieser ca. $^{1}/_{2}$ so lang wie das fertige Knöchelchen; und bei der Geburt hat er seine definitive Form und Grösse.

Die Länge des Steigbügels ist Anfang des Vorknorpel-stadiums ca. $^{1}/_{10}$ der definitiven; Ende des vierten Monats ca. $^{1}/_{2}$. Seine definitive Länge erreicht er Anfang des 7. Embryonalmonats. Eine in derselben Ordnung wie die Ossifikation fortschreitende Resorption der gegen das Spatium intercrurale liegenden Knochenpartien giebt dem anfangs klumpigen Steigbügel während der letzten Periode des intrauterinen Lebens seine definitive Gestalt.

Mit Ausnahme des Ligamentum mallei anterius, dessen Bildung mit der Resorption des Meckelschen Knorpels zusammen-fällt, entwickeln sich die Ligamente des Hammers erst nach der Verknöcherung desselben.

Das Tegmen tympani wird von einer lateralen Pars cartilaginea (Proc. periot. sup. Gradenigo) und einer medialen Pars membranacea gebildet. Diese Pars membranacea bildet eine Scheide um den Musculus tensor tympani, die während der ersten Hälfte des siebenten Embryonalmonats verknöchert. Auch die knöcherne Eminentia pyramidalis wird erst zu dieser Zeit gebildet.

Der Annulus tympanicus wird nicht durch Verschmelzung von drei Knochenpunkten gebildet. Er wird anfangs des dritten Monats als eine medial zugespitzte Deckknochenplatte unter dem Meckelschen Knorpel angelegt, und von der medialen Spitze dieser Platte wächst allmählich der ganze Ring aus.

Ergebnisse.

Die wichtigsten Resultate meiner Untersuchung fasse ich zum Schluss in folgenden Thesen zusammen.

1. Vor dem Auftreten der Gehörknöchelchenanlagen existieren in der betreffenden Region ausser der ersten, inneren Visceralfurche auch Nerven und Gefässe, welche alle mehr oder weniger formbestimmend auf die Gehörknöchelchen werden.

2. In den Lücken zwischen diesen Organen treten um die Mitte des zweiten Embryonalmonats die Anlagen der Gehörknöchelchen als zusammenhängende Blastemmassen auf.

3. Das Blastem der beiden ersten Visceralbogen wird von ihren resp. Nerven, (Trigeminus und Facialis) in einen **medialen** und einen **lateralen** Teil geschieden.

4. Das proximale Ende des lateralen Teils des Mandibularbogens stellt die Anlage des Incus dar, und die entsprechende Partie des Hyoidbogens die Anlage des Laterohyale (= Intercalare Dreyfuss).

5. Diese Partien der beiden Bogen werden anfangs von einander durch die hintere Spitze der ersten inneren Visceralfurche, die jetzt bis an die Aussenfläche des Körpers reicht, getrennt.

6. Die genannte Spitze der Visceralfurche verschwindet schon während der 6. Embryonalwoche. Die Lücke wird von Mesoderm ausgefüllt.

7. Die Reste der lateralen Teile der beiden Bogen, die von Anfang an miteinander zusammenhängen, werden Mitte des 2. Monats vom eigentlichen Visceralskelett getrennt und bilden die Anlage des Knorpels des äusseren Ohres.

10*

8. Das proximale Ende des medialen Teils des Mandibularbogens wird durch die hier liegende Vena jugularis primitiva in seiner Entwickelung gehindert. Das proximale Ende des medialen Teils des Hyoidbogens bildet die Anlage des Stapes.

9. Die schon von Anfang existierende Blastembrücke zwischen den Steigbügel- und Amboss-Anlagen persistiert und wächst zum Crus longum incudis aus.

10. Die zunächst nach vorn von der Stapesanlage liegende Partie des medialen Teils des Hyoidbogens ist schon von Anfang an schwach entwickelt. Sie bildet einen dünnen Blastemstrang medial vom N. facialis ("Facialismantel", "Interhyale"). Anfang des 3. Monats atrophiert sie, und der Steigbügel verliert damit seine Verbindung mit dem Hyoidbogen.

11. Die hinterste entwickelte Partie des medialen Teiles des Mandibularbogens bildet die Anlage des Hammers. Die entsprechende Partie des Hyoidbogens ist die Anlage des oberen Endes des Processus styloideus Politzer.

12. Die medialen Teile beider Bogen sind von einander durch die erste innere Visceralfurche getrennt.

13. Die Vena jugularis primitiva grenzt anfangs die lateralen Teile der beiden Bogen von der Labyrinthkapsel ab.

14. Nach der Grössenabnahme der genannten Vene und nach der Vergrösserung der Labyrinthkapsel treten die lateralen Bogenteile lateral von der Vene mit dieser Kapsel in blastematöse Verbindung.

15. Der Steigbügelring, der anfangs durch eine helle, mesodermale Zone von der Labyrinthkapsel getrennt war, tritt zu dieser Zeit auch in direkte Verbindung mit der Labyrinthkapsel. Durch die stärkere Färbbarkeit und die konzentrische Schichtung

seiner Zellen ist er jedoch auch jetzt von der Labyrinthkapsel gut abgrenzbar.

16. Die konzentrische Schichtung der Stapeszellen um die Arteria stapedialis entsteht erst sekundär und berechtigt nicht zu der Annahme, dass der Steigbügelring eine von dem Hyoidbogen unabhängige Bildung sei.

17. Infolge der Richtung der Arteria stapedialis erhält der Stapesring schon von Anfang an seine definitive, schräge Stellung (ca. 45° gegen die Horizontalebene).

18. Bei dem Übergang in das Vorknorpelstadium werden die nach der blastematösen Verschmelzung undeutlichen Grenzen zwischen Visceralbogen und Labyrinthkapsel wieder deutlich.

19. Skeletteile verschiedenen Ursprungs haben nämlich jeder seinen Vorknorpelkern.

20. An den Stellen, wo zwei solche Kerne beim Wachsen einander begegnen, persistiert — wenigstens eine Zeit lang — eine Blastemscheibe, die durch ihre stärkere Färbung die Grenze scharf markiert.

21. Sowohl der laterale wie der mediale Teil eines jeden Bogens hat ebenfalls seinen eigenen Vorknorpelkern. Demnach hat der Amboss, der von dem lateralen Teil des Mandibularbogens stammt, einen besonderen Vorknorpelkern und Malleus plus Meckelscher Knorpel, die vom medialen Teil stammen, zusammen einen anderen. Ebenso hat der Hyoidbogen einen besonderen Vorknorpelkern für das Laterohyale. Infolge davon, dass sich das Interhyale schon beim ersten Auftreten des Vorknorpels in regressiver Metamorphose befindet, kommt es vor seinem Verschwinden nicht über das Blastemstadium hinaus. Eine Folge hiervon wiederum ist, dass der mediale Teil des Hyoidbogens zwei Vorknorpelkerne bekommt: einen für den Steigbügel und einen für die übrige persistierende Partie

22. Die Zwischenscheibe zwischen den beiden Vor-knorpelkernen des Mandibularbogens tritt schon von Anfang an als eine winkelig gebogene Platte auf. Die Zwischenscheibe zwischen dem Laterohyale und der Reichertschen Knorpelanlage bildet dagegen eine ebene Platte.

23. Die Zwischenscheibe des Mandibularbogens muss natür-lich schon von Anfang an Hammer und Amboss vollständig trennen.

24. Die Nerven der beiden Bogen spielen ganz gewiss eine nicht unwichtige mechanische Rolle bei der Bildung der Gehörknöchelchen. Der N. facialis zwingt das proximale Ende des Hyoidbogens zur Gabelzweigung. In einem etwas späteren Stadium bewirkt er wahrscheinlich durch Druck auf das Interhyale das Verschwinden desselben. — Die Chorda tympani, die Anfangs in gerader Linie zwischen dem N. facialis und N. trigeminus ausgespannt ist, zwingt den Hammergriff sich von dem langen Schenkel des Ambosses zu trennen, sobald diese Teile auszuwachsen beginnen. Dadurch dass die central von der Befestigungsstelle der Chorda liegende Partie des N. trigeminus stark in die Länge wächst, wird das obere Ende der Chorda ein beträchtliches Stück nach vorn und unten gerückt. Vielleicht ist es durch eine hierdurch entstehende Zugeinwirkung nach vorn am Manubrium, dass das Collum mallei vom oberen Teil des Crus longum incudis getrennt wird. Wahrscheinlich bewirkt das Ziehen der Chorda tympani am N. facialis, dass die zunächst unterhalb der Gabelzweigung liegende Partie des Hyoidbogens sich mehr medial biegt.

25. Der N. facialis kommt dazu eine halbe Spirale um den Hyoidbogen zu machen, indem der unterhalb des Laterohyale liegende laterale Teil dieses Bogens nicht in der Bildung des eigentlichen Visceralskelettes Teil nimmt.

26 Der Processus lateralis mallei ist bei seiner ersten Anlegung abwärts gerichtet; gleichzeitig damit, dass das anfangs fast medial gerichtete Manubrium sich mehr abwärts richtet — und infolge dessen — wird dieser Auswuchs allmählich nach aussen gerichtet.

27. Die Abwärtsbiegung des Manubrium scheint durch einen Druck von innen oder Zug nach aussen bewirkt zu werden.

28. Die Crista mallei entsteht erst während des 4. Embryonalmonats. Sie wird nicht, wie die übrigen Ausläufer, blastematös angelegt, sondern bildet sich durch Resorption des unmittelbar unter ihr belegenen Knorpels.

29. Die Gelenkfläche des Hammers hat schon beim ersten Auftreten der Zwischenscheibe die zwei Hauptfacetten. Die grössere Facette ist um diese Zeit lateral, die kleinere rückwärts gerichtet.

30. Durch die Rotation der ganzen Gehörknöchelchenkette — welche Rotation wahrscheinlich durch das ungleiche Wachstum der Labyrinthkapsel hervorgerufen wird — bekommt die grössere Facette allmählich ihre Richtung nach hinten und die kleinere ihre mediale Stellung.

31. Schon Anfang des 3. Monats werden auch die Nebenfacetten der Hammergelenkfläche und der Sperrzahn von Helmholtz angelegt.

32. Die Blastemscheiben, die zwischen Crus longum incudis und Stapes sowie zwischen Crus breve incudis und der Bogengangkapsel peristieren, sind von derselben Natur wie die Zwischenscheibe des Hammer-Amboss-Gelenkes.

33. Erst wenn die Knochenbildung eintritt, wird der Meckelsche Knorpel vom Hammer histologisch abgegrenzt.

34 Die Resorption des Meckelschen Knorpels wird schon Anfang des 5. Monats in der Peripherie desselben eingeleitet.

35. Die knopfförmige Processus lenticularis wird erst Ende des 5. Monats angelegt.

36. Das bei den fertigen Gehörknöchelchen beobachtete Verhältnis, dass die Spitzen des Crus breve und des Crus longum vom Amboss sowie des Manubrium des Hammers nahezu in einer geraden Linie liegen (Helmholtz), existiert schon von Anfang des 3. Monats.

37. Ende des 3. Monats fängt die anfangs kreisrunde Form des Steigbügels an in die definitive überzugehen, wahrscheinlich infolge eines um diese Zeit zunehmenden intralabyrinthären Druckes.

38. Als eine weitere Folge desselben vermehrten Druckes erleidet nun auch die mitten vor dem Steigbügelring liegende vorknorpelige Lamina fenestrae ovalis eine fast vollständige Atrophie, sodass sie nach dieser Zeit nur als ein dünnes Perichondrium auf der Steigbügelplatte persistiert.

39. Der Steigbügel ist also nicht doppelten Ursprungs.

40. Das Ligamentum annulare baseos stapedis wird Ende des 5. Monats durch Bindegewebswandlung des Blastems in der Peripherie des ovalen Fensters gebildet. Kein von aussen hineindrängendes Bindegewebe trägt zur Bildung des Ligamentes bei.

41. Die Arteria stapedialis stammt — gleich wie es Gradenigo (15) bei Katzenembryonen gefunden — mittelst eines mit der Arteria hyoidea primitiva gemeinsamen Astes, Truncus hyostapedialis, von der Carotis interna ab. Die Arteria hyoidea prim. verschwindet bald; die Arteria stapedialis persistiert in der Regel bis Ende des 3. Monats.

42. Der Musculus tensor tympani zeigt bald nach seiner Anlegung eine Winkelbiegung. Diese Biegung

wird Ende des 3. Monats durch die Entwickelung
eines Ligaments (des Ligamentum trochleare) fixiert
und verstärkt, das von der Pars cartilaginea Tegminis tympani (= Processus perioticus sup. Gradenigo) unter dem
Muskel — vor der Sehne — läuft und sich an einem Knorpelauswuchs der Labyrinthkapsel gleich über der Fenestra ovalis
befestigt.

43. Das Tegmen tympani wird von einer lateralen Pars
cartilaginea und einer medialen Pars membranacea gebildet. In einer Scheide der letzteren wird der Musculus
tensor tympani eingeschlossen. Die Verknöcherung beginnt Ende des 5. Monats an der Grenze zwischen dem knorpeligen und dem membranösen Teil und schreitet von da sowohl
medial- wie lateralwärts. Anfang des 7. Monats ist das
ganze Tegmen tympani verknöchert und somit der
knöcherne Canalis pro tensore tympani gebildet.

44. Der Musculus stapedius wird später als der
M. tensor tympani angelegt. Anfangs gerade, erhält der
M. stapedius seine Winkelbiegung erst, nachdem er
Ende des 3. Monats an der betreffenden Stelle durch
ein Ligament — das Ligamentum musculi stapedii —
fixiert worden ist. Dieses Ligament streckt sich vom hinteren
Teil des Promontoriums schräg nach oben, aussen und hinten
zu der Befestigungsstelle des Hyoidbogens. Nach hinten setzt
es sich in eine dünne, bindegewebige Platte fort, in
welcher der Muskel eingelagert ist. Anfang des 7. Monats verknöchert sowohl diese Bindegewebsplatte
wie das Ligamentum musculi stapedii. So entstehen
die Eminentia stapedii und die zarte Knochenspange,
die sich von derselben zum Promontorium erstreckt.

45. Während der letzten Hälfte des 5. Monats
fängt die Ossifikation der Gehörknöchelchen an.

46. Sie zeigt ganz denselben Verlauf wie in anderen knorpel-
präformierten Knochen.

47. Die Gehörknöchelchen haben (abgesehen von
dem Proc. longus mallei) nur ein Ossifikationscentrum
für jedes.

48. Der Processus lenticularis ist also nicht einmal
als eine Epiphyse und noch weniger als ein besonderer Knochen
aufzufassen.

49. Der Processus longus (Folii) mallei wird Anfang
des 3. Monats als ein an beiden Enden freier Belegknochen
an der unteren, medialen Seite des Meckelschen Knorpels angelegt. Wenn das Collum mallei verknöchert, tritt er mit demselben in direkte Verbindung.

50. Die Verknöcherung des Steigbügels fängt zuletzt an, wird aber zuerst fertig. Sie beginnt in der
Regel in der Basis und schreitet von da allmählich
die Schenkel hinauf.

51. Sowohl die Basis wie die Schenkel sind unmittelbar nach
der Verknöcherung bedeutend dicker als an dem definitiven
Steigbügel. Das definitive Aussehen wird durch eine
in derselben Ordnung wie die Verknöcherung fortschreitende Resorption erreicht.

52. Die Crista stapedis entsteht nicht durch eine
partielle Ossifikation der zwischen der Basis und den
Schenkeln ausgespannten Schleimhautduplikatur
[Eysell (11)], sondern dadurch, dass in der Basis die Resorption
in zwei Abteilungen verläuft, zwischen denen eine Knochenleiste
persistiert.

53. Bei der Geburt haben alle Gehörknöchelchen ihre definitive Entwickelung erreicht.

54. Die Ligamente des Hammers entwickeln sich erst
nach dem Anfang der Verknöcherung desselben.

55. Der Annulus tympanicus entwickelt sich **nicht** aus drei Knochenpunkten (Rambaud et Renault [43]). Sein vorderes Endstück wird Anfang des 3. Monats als eine Deckknochenplatte unter dem Meckelschen Knorpel angelegt; von der medialen Spitze dieser Platte wächst dann allmählich die übrige Partie des Ringes hervor.

Meinen Lehrern, den Herren Professor Hj. Lindgren und Professor C. M. Fürst erlaube ich mir meine Ehrerbietung und Dankbarkeit auszusprechen nicht nur dafür, dass sie während der Fortsetzung dieser Arbeit auf dem hiesigen histologischen Institute mir die embryologischen Sammlungen desselben zur Benutzung überlassen, sondern auch für meine frühere Studienzeit, während der ich Gelegenheit gehabt, von ihrer direkten, immer wohlwollenden Leitung Nutzen zu ziehen.

Schliesslich erfülle ich noch eine angenehme Pflicht, indem ich Herrn Professor Erik Müller dafür meinen Dank ausspreche, dass er mir die Anregung zu der vorliegenden Arbeit gegeben und mir sein Institut, sowie auch ein selten gutes Material zur Verfügung gestellt.

Lund, den 22. Juni 1898.

Erklärung der Tafeln.

Tafel A. (Skala $^{25}/_1$.)

Figg. 1—8. Schnitte 109, 115, 117, 120, 121, 123, 129 und 131 des Embryo I. Vergl. Textfigur 3 Seite 560!

Figg. 9 u. 10. Schnitte 116 u. 128 des Embryo II.

a. Helle mesodermale Zone zwischen Stapesanlage und Labyrinthkapsel.

A. bl. Augenblase.

A. c. int. Arteria carotis interna.

A. h. pr. Arteria hyoidea primitiva.

A. st. Arteria stapedialis.

Ch. d. Chorda dorsalis.

Ch. t Chorda tympani.

Cr. l. i Crus longum incudis.

Gangl. A-F., G. A-F. Ganglion Acustico-Faciale.

Gangl. Trig., G. Trig. „ „ Trigemini.

Hb. Hyoidbogen. Hb. l. Hyoidbogen (lateraler Teil).

Ih. Interhyale.

I. Vf. Erste, innere Visceralfurche.

Lh. Laterohyale.

Lk. Labyrinthkapsel.

Mb. Mandibularbogen. Mb. l. Mandibularbogen (lateraler Teil).

St. Stapesanlage.

Tr. h. st. Truncus hyo-stapedialis.

V. j. pr. Vena jugularis primitiva.

V. N. trigeminus.

VII. N. facialis.

Tafel B.

Fig. 1. Frontalschnitt (Nr. 142) des Embryo III. Skala $^{100}/_1$. Linke Seite, von hinten gesehen.

Art. st. Arteria stapedialis.

H. Hyoidbogen.

Ih. Interhyale.

Lh. Vorderer Theil des Laterohyale.

Lb. Labyrinthblase.

P. cochl. Pars cochlearis der Labyrinthkapsel.

St. Stapesring.

VII. N. facialis.

Fig. 2. Frontalschnitt durch den Steigbügelring unmittelbar nach hinten von dem Amboss-Steigbügelgelenk. Embryo VII. Linke Seite von vorn gesehen. Skala $^{100}/_1$. a. oberer, b. unterer, knorpeliger Rand der Fenestra ovalis.

B. st. Basis stapedis.

Cr. p. St. Crus posterius stapedis.

Lam. fen. ov. Lamina fenestrae ovalis.

Lig. ann. Ligamentum annulare baseos stapedis.

Fig. 3. Ähnlicher Schnitt des Embryo VIII. Skala $^{100}/_1$.

Fig. 4. Ähnlicher Schnitt des Embryo IX. Skala $^{100}/_1$.

Fig. 5. Frontalschnitt (Nr. 257) des Embryo IV. Linke Seite, von hinten gesehen. Skala $^{25}/_1$.

Hb. m. Hyoidbogen (medialer Teil).

Ih. Interhyale.

Lh. Laterohyale.

St. Steigbügelring.

P. cochl. Pars cochlearis und

P. can. sem. Pars canalium semicircularium der Labyrinthkapsel.

VII. N. facialis.

V. j. pr. Vena jugularis primitiva.

Fig. 6. Frontalschnitt durch das Ligamentum annulare baseos stapedis (Lig. ann.) Embryo XI. Skala $^{100}/_1$.

B. st. Basis stapedis. P. cochl. Pars cochlearis der Labyrinthkapsel.

Fig. 7. Frontalschnitt. Embryo X. Skala $^{50}/_1$.

B. st. Basis stapedis.

Lig. ann. Ligamentum annulare baseos stapedis.

Tafel E.

Fig. 1. Rekonstruktionsmodell der proximalen Partien der beiden ersten Visceralbogen des Embryo II. Skala $^{30}/_1$. Von hinten gesehen.

Fig. 2. Dasselbe Modell von der medialen Seite gesehen.

Fig. 3. Dasselbe von vorn gesehen.

Fig. 4. Rekonstruktionsmodell derselben Partie des Embryo III. Skala $^{30}/_1$. Von vorn gesehen.

Fig. 5. Dasselbe Modell von innen gesehen.

Fig. 6. Rekonstruktionsmodell. Embryo IV. Skala $^{30}/_1$. Von vorn gesehen.

Fig. 7. Dasselbe von der medialen Seite gesehen.

Figg. 8, 9 u. 10. Rekonstruktionsmodell. Skala $^{15}/_1$. Embryo VII. Fig. 8 von aussen, Fig. 9 von innen und Fig. 10 von hinten gesehen.

Fig. 11. Rekonstruktionsmodell. Embryo VI. Schief von unten und aussen gesehen.

Fig. 12. Hammer des Embryo XVIII. Skala $^{10}/_1$. Von aussen.

Fig. 13. Hammer des Embryo XXII. $^{10}/_1$.

Fig. 14. Hammer des Embryo XXIV. $^{10}/_1$.
Fig. 15. Hammer des Embryo XXVIII. $^{10}/_1$.
Fig. 16. Hammer des Embryo XXX. $^{10}/_1$.
Fig. 17. Hammer eines Erwachsenen. $^{10}/_1$.
Bei den Figg. 1—10 sind die Nerven mit Gelb bezeichnet.
Bei den Figg. 12—17 sind die verknöcherten Partien gelb.
Die Belegknochen (bei Figg. 8—11) sind rot. Die Schnittflächen
schraffiert.

    a. Vertiefung, von Vena jug. primit. veranlasst.
    Ann. t. Annulus tympanicus.
    Cap. Capitulum mallei.
    Ch. t. Chorda tympani.
    Coll. Collum mallei.
    Cr. l. Crus longum incudis.
    Cr. br. Crus breve incudis.
    Hb. m. Hyoidbogen, medialer Teil.
    Hb. l.   „   lateraler Teil.
    I. Incusanlage.
    Ih. Interhyale.
    I. Vf. Erste, innere Visceralfurche.
    Lh. Laterohyale.
    M. Malleus.
    Mb. m. Mandibularbogen, medialer Teil.
    Mb. l.   „   lateraler Teil.
    Mn. Manubrium mallei.
    M. Kn. Meckelscher Knorpel.
    P. can. sem. Pars canalium semicircularium der Labyrinthkapsel.
    Pr. F. Processus longus (Folii) mallei.
    Pr. l. Processus lateralis mallei.
    R. Kn. Reichertscher Knorpel.
    S. m. Sulcus malleolaris.
    St. Steigbügel.
    Cr. m. Crista mallei.
    V. N. trigeminus.
    VII. N. facialis.

Tafel D. Skala $^{10}/_1$.

Die verknöcherten Partien sind mit Gelb bezeichnet.
Fig. 1. Rechter Amboss des Embryo XVII
Fig. 2.   „   „   „   „   XVIII.
Fig. 3.   „   „   „   „   XXII.
Fig. 4.   „   „   „   „   XIX.
Fig. 5.   „   „   „   „   XX.
Fig. 6.   „   „   „   „   XXIV.
Fig. 7.   „   „   „   „   XXX.

Fig. 8. Rechter Amboss eines Erwachsenen.
Fig. 9.   „ Steigbügel des Embryo XX.
Fig. 10.   „   „   „   „   XXIV.
Fig. 11.   „   „   „   „   XXI.
Fig. 12.   „   „   „   „   XXVI.
Fig. 13.   „   „   „   „   XIX.
Fig. 14.   „   „   „   „   XXVIII.
Fig. 15.   „   „   „   „   XXIX.
Fig. 16.   „   „   „   „   XXX.
Fig. 17.   „   „   eines Erwachsenen.
Fig. 18.   „   „   des Embryo X.
    Cap. Capitulum stapedis.
    Cr. ant. und Cr. post. Crus anterius und Crust posterius stapedis.
    Cr. br. und Cr. l. Crus breve und Crus longum incudis.
    Cr. st. Crista stapedis.
    B. st. Basis   „
    Sp. icr. Spatium intercrurale.

Tafel E.

Fig 1. Rekonstruktionsmodell der linken Labyrinthkapsel und der Gehörknöchelchen-Anlagen des Embryo III. Skala ³⁰/1. — Von vorn und etwas
von aussen.
    Fig. 2. Rekonstruktionsmodell derselben Partie des Embryo IV. Skala ³⁰/1.
Von vorn.
    Fig. 3. Rekonstruktionsmodell derselben Partie des Embryo VII. Skala ¹⁵/1.
    Fig. 4. Das Rekonstruktionsmodell des Embryo III. Von aussen und
etwas von vorn gesehen.
    Fig. 5. Das Rekonstruktionsmodell des Embryo IV. Von aussen und
vorn gesehen.
    Fig. 6. Das Rekonstruktionsmodell des Embryo VII. Von aussen gesehen.
    H. Hyoidbogen, Lh. Laterohyale.
    I. Incusanlage, Ih. Interhyale.
    M + I. Malleus-Incusanlage.
    M. Malleusanlage. Cr. m. Crista mallei.
    Mc. Meckelscher Knorpel.
    Mn. Manubrium mallei.
    Pr. l. Processus lateralis Mallei.
    P. can. sem. Pars canalium semicircularium und
    P. cochl. Pars cochlearis der Labyrinthkapsel.
    St. Steigbügel B. st. Basis stapedis.
    Pr. st. Processus musculi stapedii.
    Pr. F. Processus Folii mallei, Pr. M. Processus muscularis.
    Cr. br. Crus breve, Cr. l. Crus longum incudis.
    Cr. p. Crus posterius, Cr. a. Crus anterius stapedis.

Tafel F.

Fig. 1. Rekonstruktionsmodell der Gehörknöchelchenanlagen des Embryo V. Von vorn gesehen. Skala ³⁰/1.

Fig. 2. Dasselbe Modell, schief von innen und hinten gesehen.

Fig. 3. Rekonstruktionsmodell der Gehörknöchelchenanlagen des Embryo VI. Von innen und etwas von hinten gesehen.

Fig. 4. Rekonstruktionsmodell der Gehörknöchelchenanlagen des Embryo VIII. Skala ¹⁵/₁. Von vorn.

Fig. 5. Dasselbe Modell, von innen und hinten.

Fig. 6. Steigbügelmodell. Embryo IX. Von vorn. Skala ¹⁵/₁.

Fig. 7. Dasselbe Modell, von oben und aussen gesehen.

Fig. 8. Rekonstruktionsmodell des Amboss des Embryo IX. Von innen. Skala ¹⁵/₁.

Fig. 9. Dasselbe Modell, von vorn und aussen gesehen.

Fig. 10. Rekonstruktionsmodell des Hammers des Embryo IX. Von vorn. Skala ¹⁵/₁.

Fig. 11. Dasselbe Modell; von aussen.

Fig. 12. Hammer und Amboss eines Erwachsenen (a), eines Neugeborenen (b) und eines Embryo von 32 cm (c). Natürliche Grösse.

Fig. 13. Steigbügel eines Erwachsenen (a), eines Neugeborenen (b) und eines Embryo von 32 cm (c). Natürliche Grösse.

Bezeichnungen dieselben wie in Tafel E.

Litteraturverzeichnis.

1. Albrecht, Sur la valeur morphologique de l'articulation mandibulaire. du cartilage de Meckel et des osselets de l'ouïe. Bruxelles 1883. S. 22

2. Balfour, Handbuch d. vergleichenden Embryologie. Übersetzt v. Vetter, Jena 1881. Bd. II. S. 526.

3. Baumgarten, Beiträge zur Entwickelungsgeschichte der Gehörknöchelchen. Arch. f. mikr. Anat. XL. S. 512.

4. Bischoff, Entwickelungsgeschichte der Säugetiere und des Menschen. Leipzig 1842. Sömmering, vom Baue des menschlichen Körpers. Neue Ausg. Bd. VII.

5. Bonnet, Grundriss der Entwickelungsgeschichte der Haussäugetiere. Berlin 1891. S. 187.

6. Broca et Lenoir, Note sur un cas de persistance du cartilage de Meckel avec absence de l'oreille externe du même côté. Considérations sur le développement du maxillaire inférieur et des osselets de l'ouïe. Journ. Anat. Phys. Paris. 32 Année. 1896. S. 559.

7. Broman, Beschreibung eines menschlichen Embryos von beinahe 3 mm Länge mit spezieller Bemerkung über die bei demselben befindlichen Hirnfalten. Morphologische Arbeiten, herausgeg. v. G. Schwalbe. Jena 1895. Bd. V. S. 169.

8. Bruch, Untersuchungen über die Entwickelung der Gewebe bei den warmblütigen Tieren. Frankf. 1863—67. cit. nach Dreyfuss (10).

9. Burdach, Physiologie. Leipzig 1828. II. cit. nach Dreyfuss.

10. Dreyfuss, Beiträge zur Entwickelungsgeschichte des Mittelohres und des Trommelfelles des Menschen und der Säugetiere. Morphol. Arbeiten. Bd. II. 1892—93. S. 607.

11. Eysell, Beiträge zur Anatomie des Steigbügels und seiner Verbindungen. Arch. f. Ohrenheilk. Bd. V. 1870. cit. nach Schwalbe (52).

12. Foster und Balfour, The elements of Embryology. Second edit. London 1883.

13. Fraser, On the Developement of the Ossicula auditus in the Higher Mammaria. Phil. Trans. Vol. 173 : 3. 1882. S. 901.

14. Gadow, On the Modifications of the First and Second Visceral Arches, with especial reference to the Homologies of the Auditory Ossicles. Phil. Trans. Vol. 179 B. 1888. S. 451.

15. Gradenigo, Die embryonale Anlage des Mittelohrs; die morphologische Bedeutung der Gehörknöchelchen. Mitteil. aus dem embr. Institut der Univ. Wien. 1887.

16. Gegenbaur, Grundzüge der vergleichenden Anatomie. 2. Aufl. Leipzig 1870. S. 662—63.

17. Gruber, Beitrag zur Entwickelungsgeschichte des Steigbügels und ovalen Fensters. Mitt. aus d. embr. Instit. d. Univ. Wien. 1878. Heft II. S. 167.

18. Günther, Beobachtungen üb. d. Entwickelung d. Gehörorgans. Lpz. 1842. cit. nach Dreyfuss (10).

19. Hannover, Primordialbrusken og dens Forbening i det menneskelige Kranium för Födselen. Det Kongelige Danske Videnskabernes Selkabs Skrifter. Femte Ræcke. Bd. 11. Kjöbenhavn 1880. S. 495.

20. Hagenbach, Die Paukenhöhle der Säugetiere. Leipzig 1835. cit. nach Schwalbe (52).

21. Hegetschweiler, Die embryologische Entwickelung des Steigbügels. Arch. f. Anat. u. Phys. Anat. Abt. 1898. Heft I. S. 37.

22. Hertwig, Lehrbuch der Entwickelungsgeschichte. Vierte Aufl. 1893. S. 544.

23. — Entwickelungsgeschichte des menschlichen Obres. Schwartze, Handbuch der Ohrenheilkunde 1892. Bd. I. S. 148.

24. His, Anatomie menschlicher Embryonen. Leipzig 1880—85.

25. Hunt, Transactions of the intern. otolog. congress. 1876. cit. nach Fraser (13).

26. — Amer. Journ. of Med. Science. 1877.

27. Huschke, Beiträge z. Physiol. u. Naturgesch. Bd. I. Weimar 1824. cit. nach Dreyfuss.

28. Huxley, Lectures on the elements of comparative anatomy. London 1864. cit. nach Dreyfuss.

29. — Proceed. Zool. Society. London 1869. cit. nach Dreyfuss.

30. — The anatomy of vertebrated animals. London 1871. cit. nach Dreyfuss.

31. Jacoby, Ein Beitrag zur Kenntnis des menschlichen Primordialkraniums. Arch. f. mikr. Anat. Bd. 44. 1895. S. 61.

32. Kollmann, Lehrbuch d. Entwickelungsgeschichte d. Menschen. Jena 1898. S. 610.

33. v. Kölliker, Entwickelungsgeschichte des Menschen und der höheren Tiere. Leipzig 1879.

34. — Grundriss der Entwickelungsgeschichte des Menschen und der höheren Tiere. Leipzig 1884.

35. Löwe, Medizinisches Centralblatt Nr. 30. 1878. cit. nach Fraser.

36. Magitot et Robin, Annales des Sciences naturelles. Zoologie. Paris 1862. Tome XVIII. S. 213.

37. Minot, Lehrbuch der Entwickelungsgeschichte des Menschen. Deutsche Ausgabe v. Kaestner. Leipzig 1894. S. 450 u. 766.

38. v. Noorden. Beitrag zur Anat. des knorpeligen Schädelbasis menschlicher Embryonen. Arch. f. Anat. u. Phys. Anat. Abt. Leipzig 1887.

39. Parker. On the structure and Developement of the skull in the pig. Phil. Trans. 1874. Bd. 164.

40. Parker. On the Structure and Developement of the Skull in the Mammalia. Phil. Trans. Vol. 176. 1886. S. 10.

41. Quénu, Des Archs Branchiaud Chez L'homme. Thèse. Paris 1886.

42. Rahl. Über das Gebiet des Nervus facialis. Anat. Anz. II. Jahrg. Jena 1887. S. 219.

43. Rambaud et Renault, Origine et Développement des Os. Paris 1864.

44. Rathke. Anatomisch-physiol. Unters. über den Kiemenapparat und das Zungenbein. Riga u. Dorpat 1832. cit. nach Dreyfuss (10).

45. Reichert. Über die Visceralbogen der Wirbeltiere im allgemeinen und deren Metamorphosen bei den Vögeln und Säugetieren. Müllers Archiv. 1837. S. 120.

46. Salensky, Zur Entwickelungsgeschichte der Gehörknöchelchen. Zool. Anz. Jahrg. II. S. 250.

47. — Beiträge zur Entwickelungsgeschichte der knorpeligen Gehörknöchelchen bei Säugetieren. Morphol. Jahrbuch. Leipzig 1880. VI. S. 415.

48. Schäfer, Embryology. Quain's Anatomy. Vol. I. Pt. I. 1890. S. 167.

49. — Organs of the Senses. Quains Anat. Vol. III. Pt. III. 1894. S. 93.

50. Schenk. Lehrbuch der Embryologie des Menschen und der Wirbeltiere. Wien u. Leipzig 1896. S. 483.

51. Schultze. Grundriss der Entwickelungsgeschichte des Menschen und der Säugetiere. Leipzig 1896—97.

52. Schwalbe, Lehrbuch der Anatomie der Sinnesorgane. Erlangen 1887 S. 480.

53. Semmer. Unters. über die Entwickelung des Meckelschen Knorpels. Diss. Dorpat. 1872. cit. nach Dreyfuss (10).

54. Siebenmann. Die ersten Anlagen vom Mittelrohrraum und Gehörknöchelchen des menschlichen Embryo in der 4—6. Woche. Arch. f. Anat. u. Entwickelungsgesch. 1894. H. 5,6. S. 355.

55. — Mittelrohr und Labyrinth. Handbuch der Anatomie des Menschen herausgeg. v. Bardeleben. Bd. V. Abt. 2. 1898.

56. Spee. Skeletlehre. Handb. d. Anat. Herausgeg. v. Bardeleben. Bd. I. Abt. 2. 1896. S. 302.

57. Staderini, Intorno alle prime fasi di sviluppo dell anulus stapedialis. Monit. Zool. Ital. II. 1891. S. 147.

58. Toynbee, On the structure of the ear. London 1853. cit. nach Schwalbe (52).

59. Tröltsch, Lehrbuch der Ohrenheilkunde mit Einschluss der Anatomie des Ohres. Würzburg 1868. S. 147.

60. Urbantschitsch, Beobachtungen über die Bildung des Hammer-Amboss. Gelenkes. Mitt. aus dem Embr. Instit. der Univ. Wien. Bd. I. 1880. S. 230.

61. — Zur Anatomie der Gehörknöchelchen des Menschen. Arch. f. Ohrenheilk. Bd. XI. 1876.
62. Valentin, Handbuch der Entwickelungsgeschichte. Berlin 1835.
63. Wiedersheim, Grundriss der vergleichenden Anatomie der Wirbeltiere. Jena 1893. S. 130.
64. Zondek, Beiträge zur Entwickelungsgeschichte der Gehörknöchelchen. Arch. f. mikr. Anat. Bd. 44. H. 4. S. 499.
65. Politzer, Zur Anatomie des Gehörorgans. Arch. f. Ohrenheilkunde. Bd. IX. 1875. S. 158.
66. Born, Noch einmal die Plattenmodelliermethode. Zeitschrift f. wissenschaftl. Mikroskopie. Bd. V. 1888. S. 433.
67. O. Schultze, Über Herstellung und Konservierung durchsichtiger Embryonen zum Studium der Skelettbildung. Verh. d. Anat. Gesellsch. auf d. 11. Versamml. in Gent 1897. S. 3.
68. Broman, Über die Entwickelung der Gehörknöchelchen beim Menschen. Verhandl. d. Anat. Gesellsch. auf d. 12. Versamml. in Kiel. 1898. S. 320.

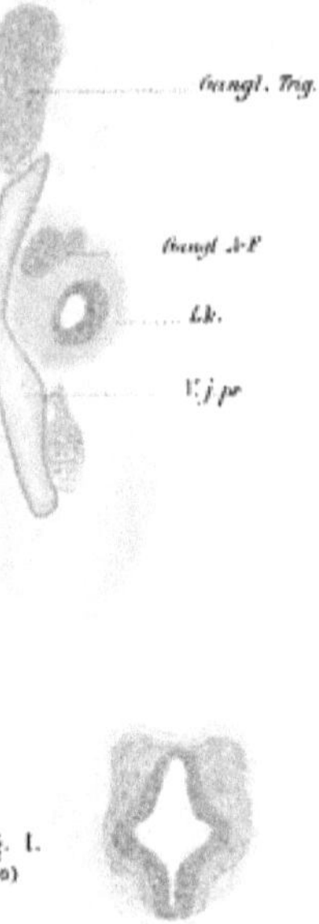

Gangl. Trg.

Gangl. N.F

Lk.

V.j.pr

Fig. 1.
(100)

G.Trg.

V.j.pr

Mb

J.VI
VII

Lk.

Lk.

o

St.

V.j.pr.

Ch.d

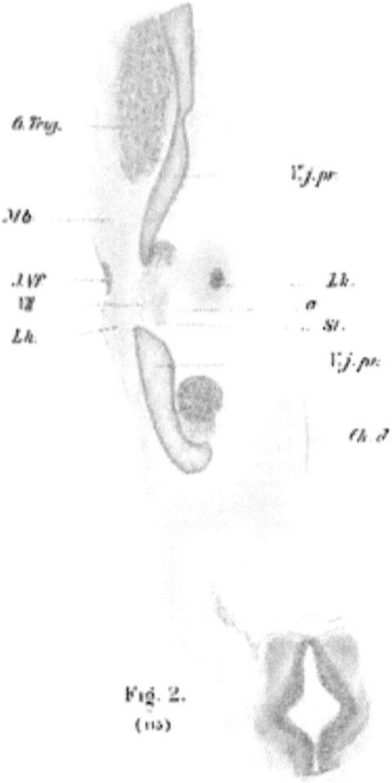

Fig. 2.
(113)

V

Mb

J.VI

VII

Lk.

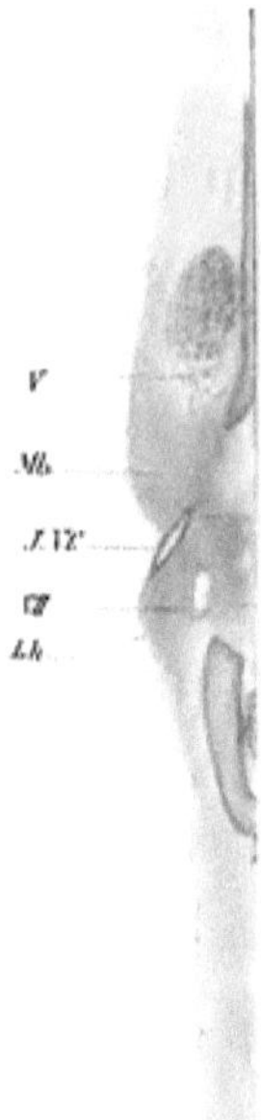

Fig. 3.
(117)

A.bl.

A.e.int.

V.j.pr.

r

Mb

Mb.

VII

V.j.pr.

J.VI

Jh.

A.e.int.

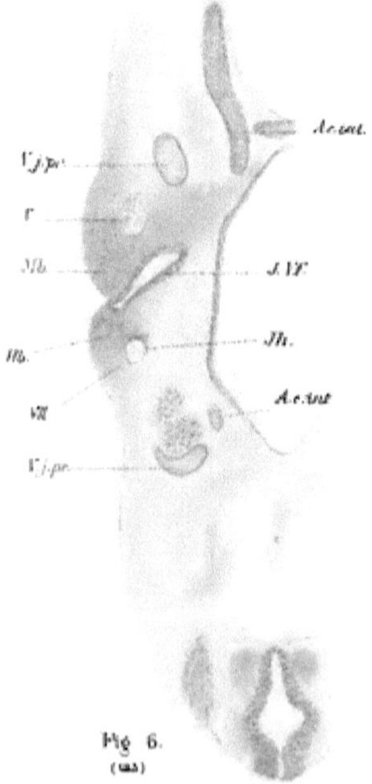

Fig. 6.
(123)

A.bl.

V.j.pr.

V.

Mb.

Mb.

VII

A.e.int.

V.j.pr.

J.VI

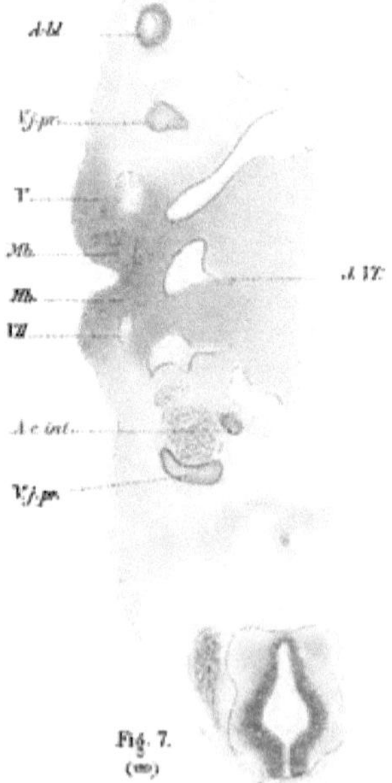

Fig. 7.
(109)

A.bl.

V.j.pr.

r

Mb.

Ch.t.

Hb

VII

V.j.pr.

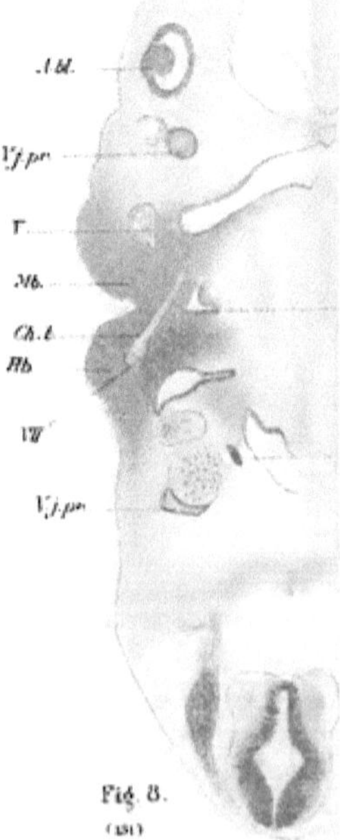

Fig. 8.
(131)

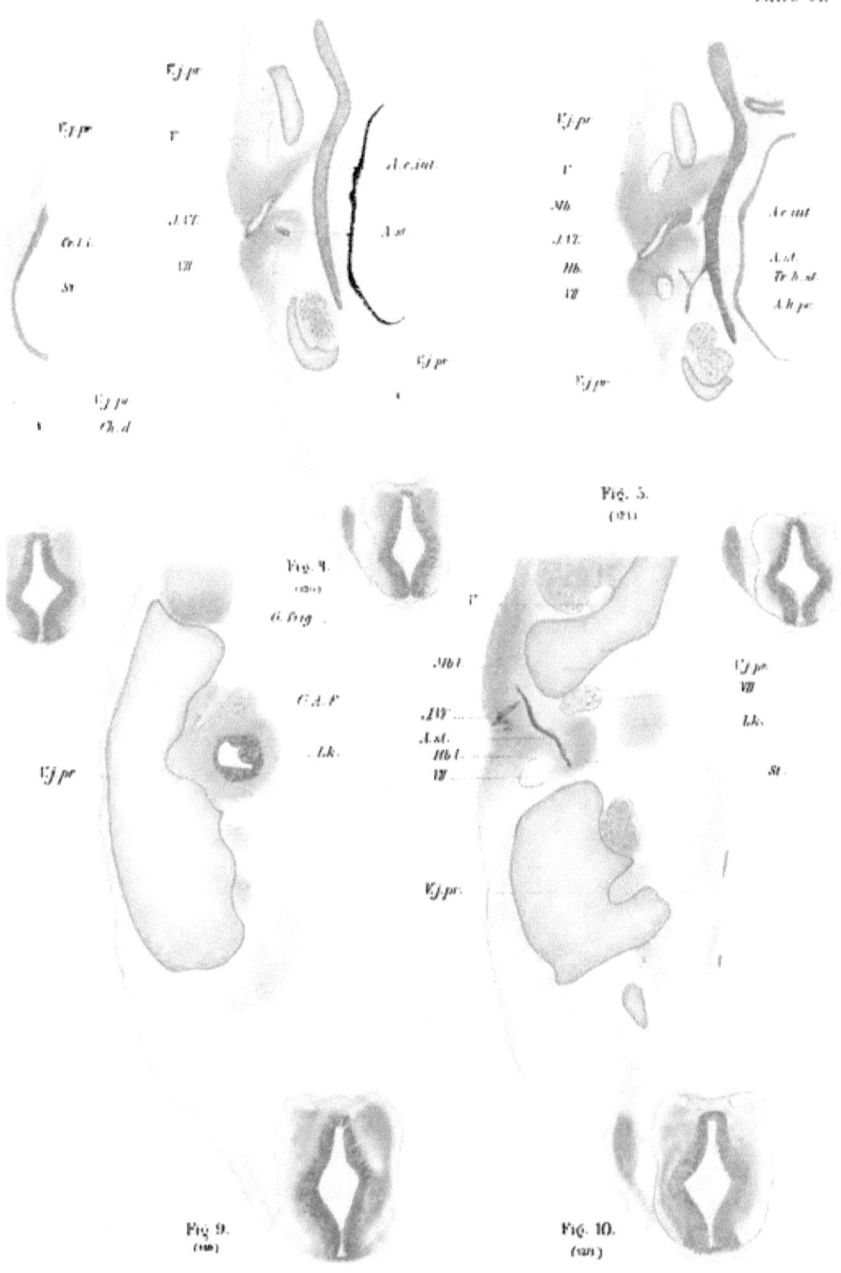

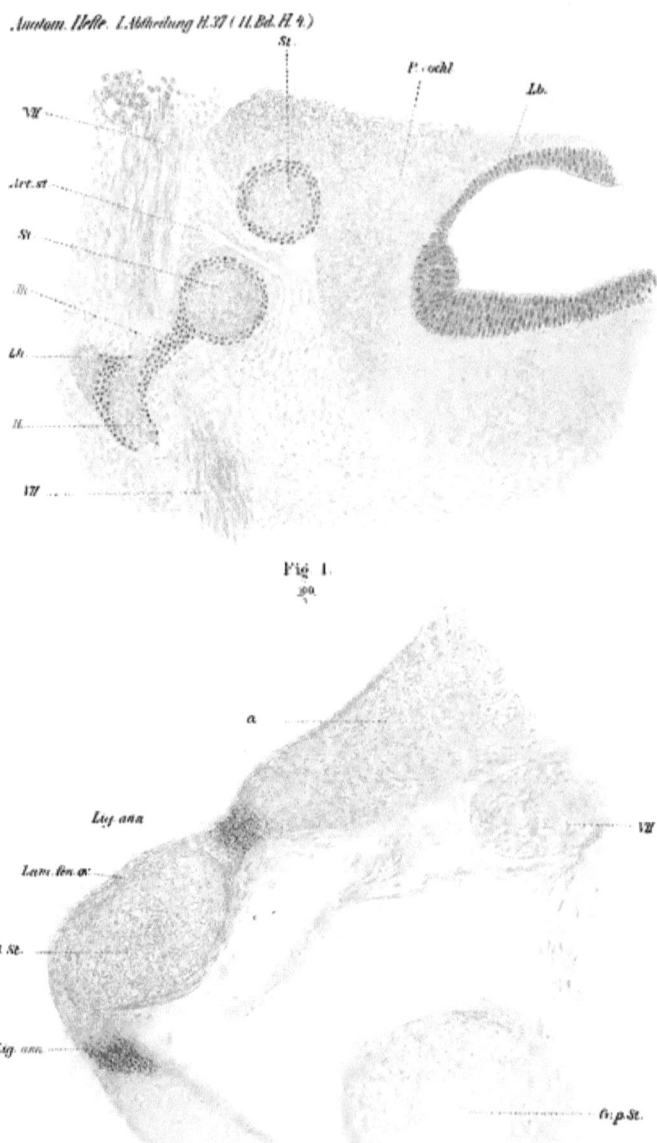

Fig. I.

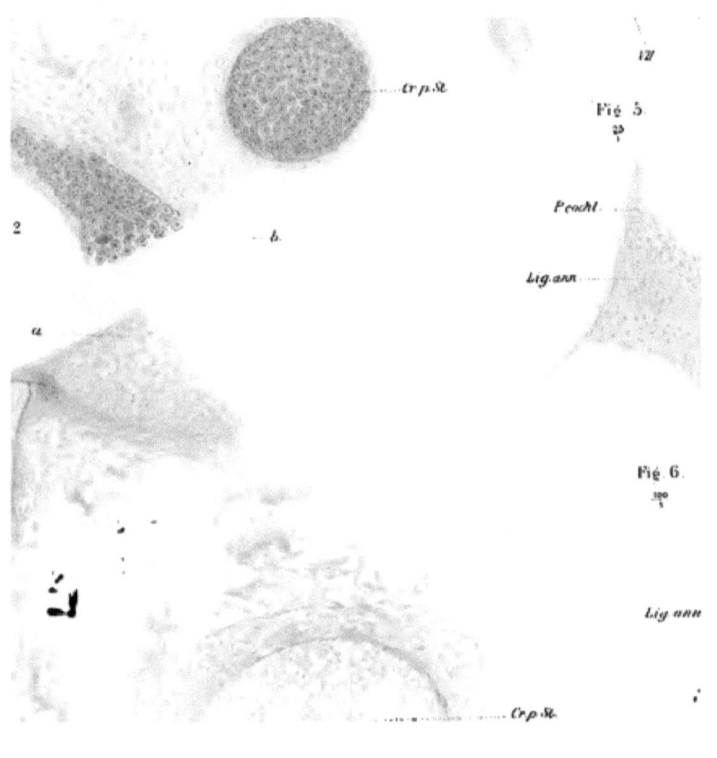

IV

2

b.

a.

tr.p.St.

Fig 5.
⁵⁄₁

Pcochl.

Lig.ann.

Fig. 6.
¹⁰⁰⁄₁

Lig.ann

Crp.St.

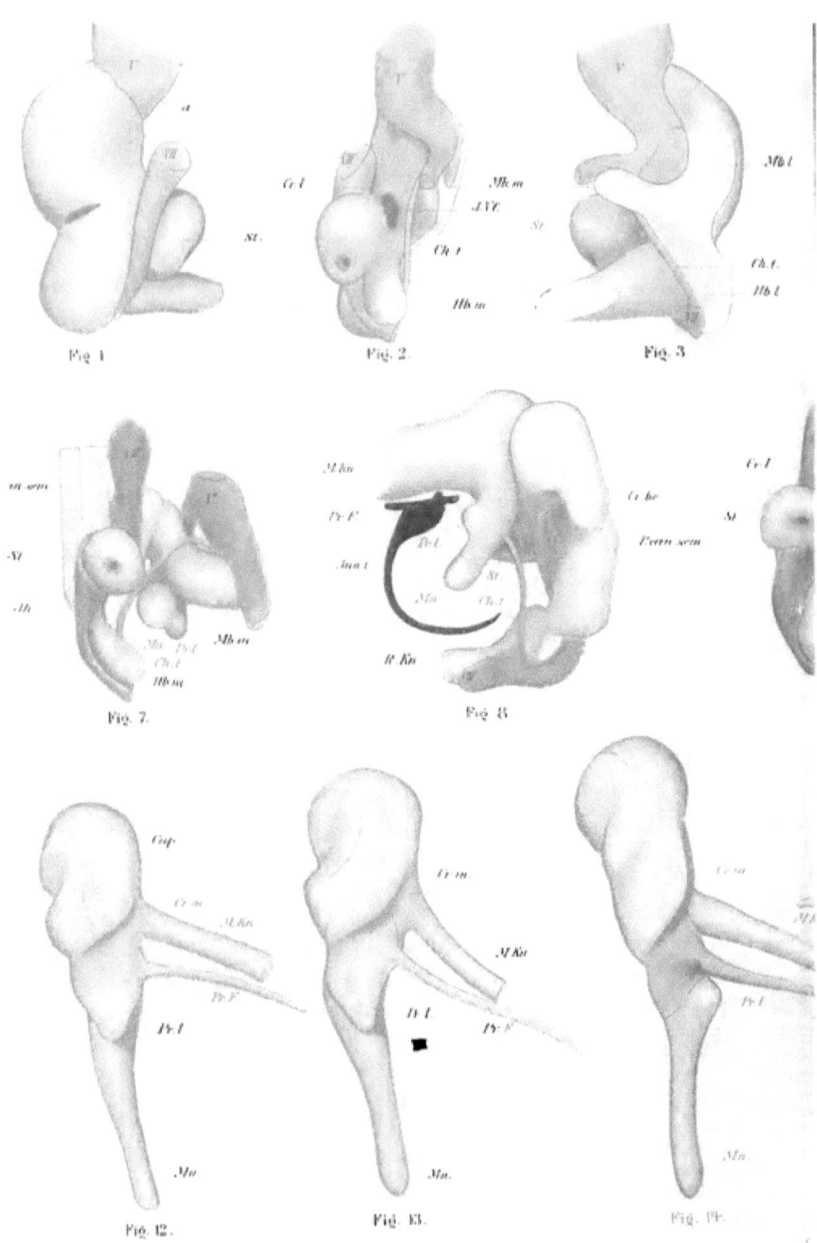

Fig. 1.　　　Fig. 2.　　　Fig. 3.

Fig. 7.　　　Fig. 8.

Fig. 12.　　　Fig. 13.　　　Fig. 14.

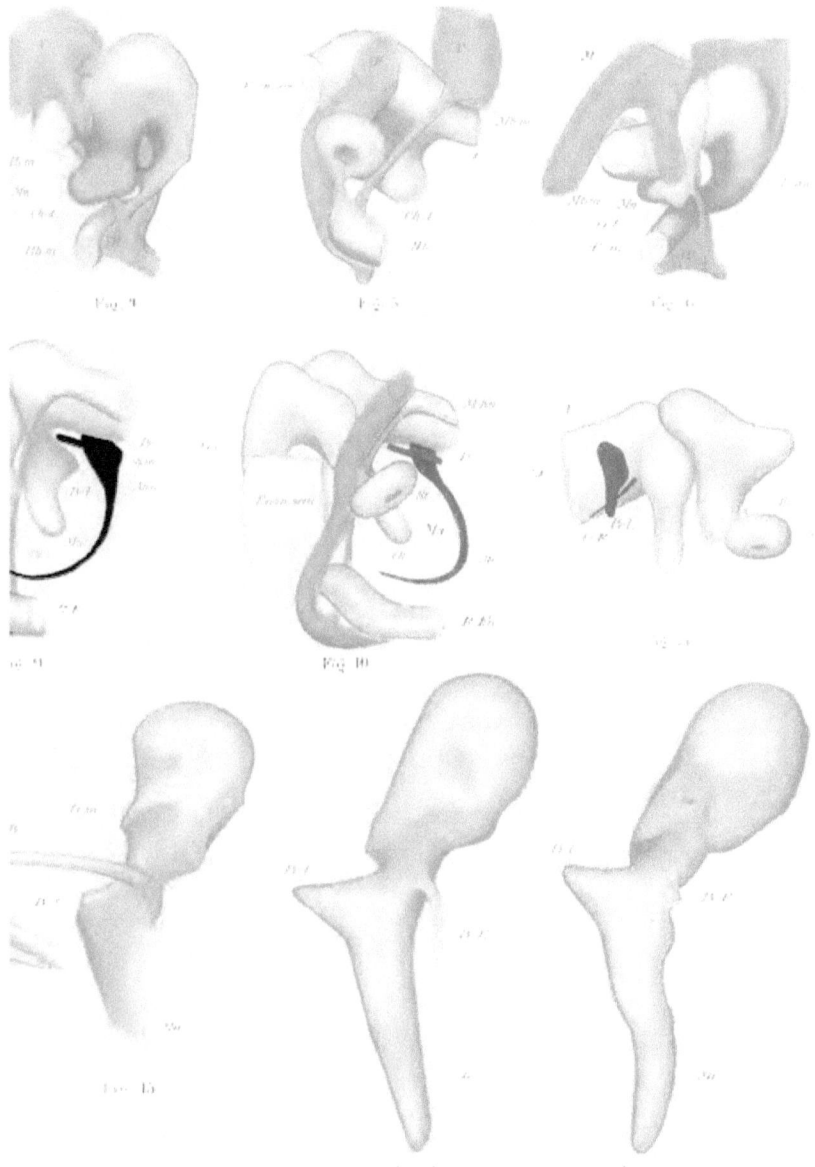

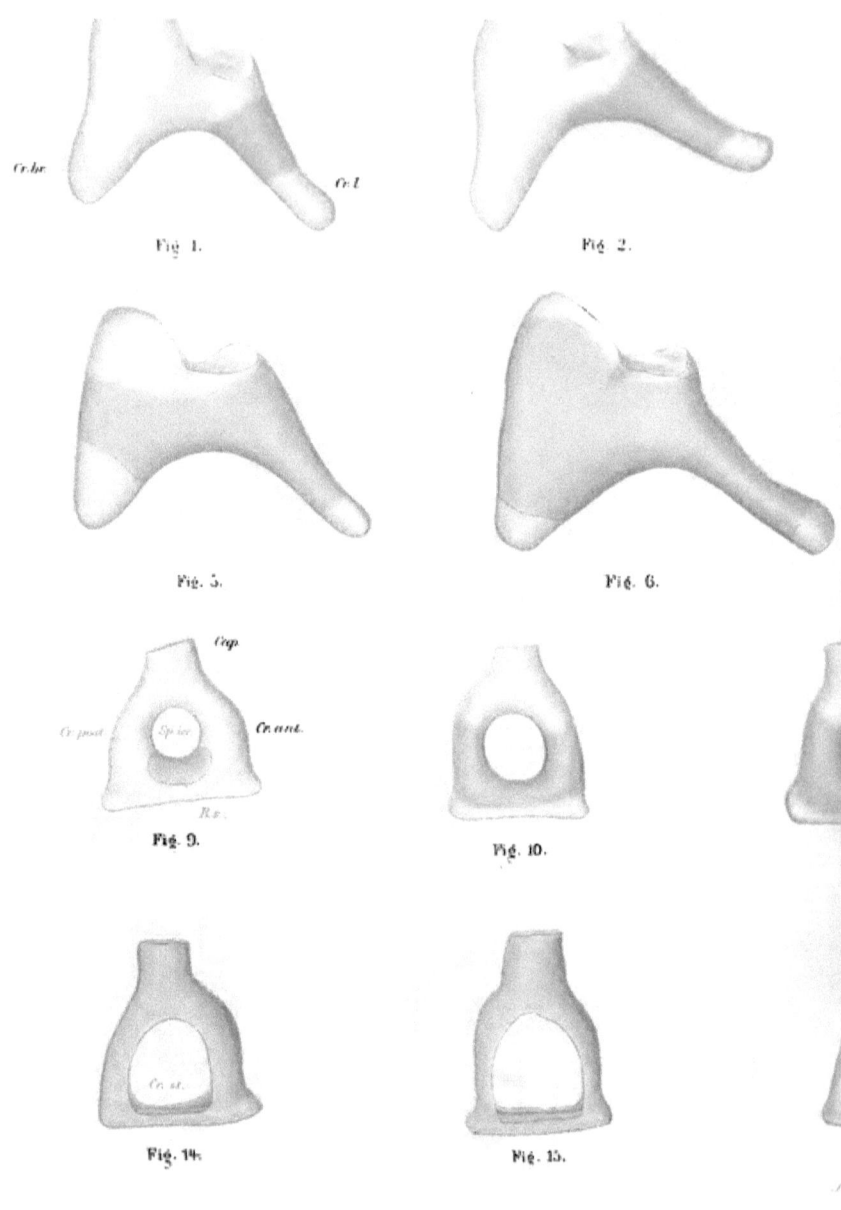

Cr.br.   Cr.l.

Fig. 1.   Fig. 2.

Fig. 5.   Fig. 6.

Crp.

Cr.post.   Sp.ica   Cr.ant.

R.s.

Fig. 9.   Fig. 10.

Cr.st.

Fig. 14.   Fig. 15.

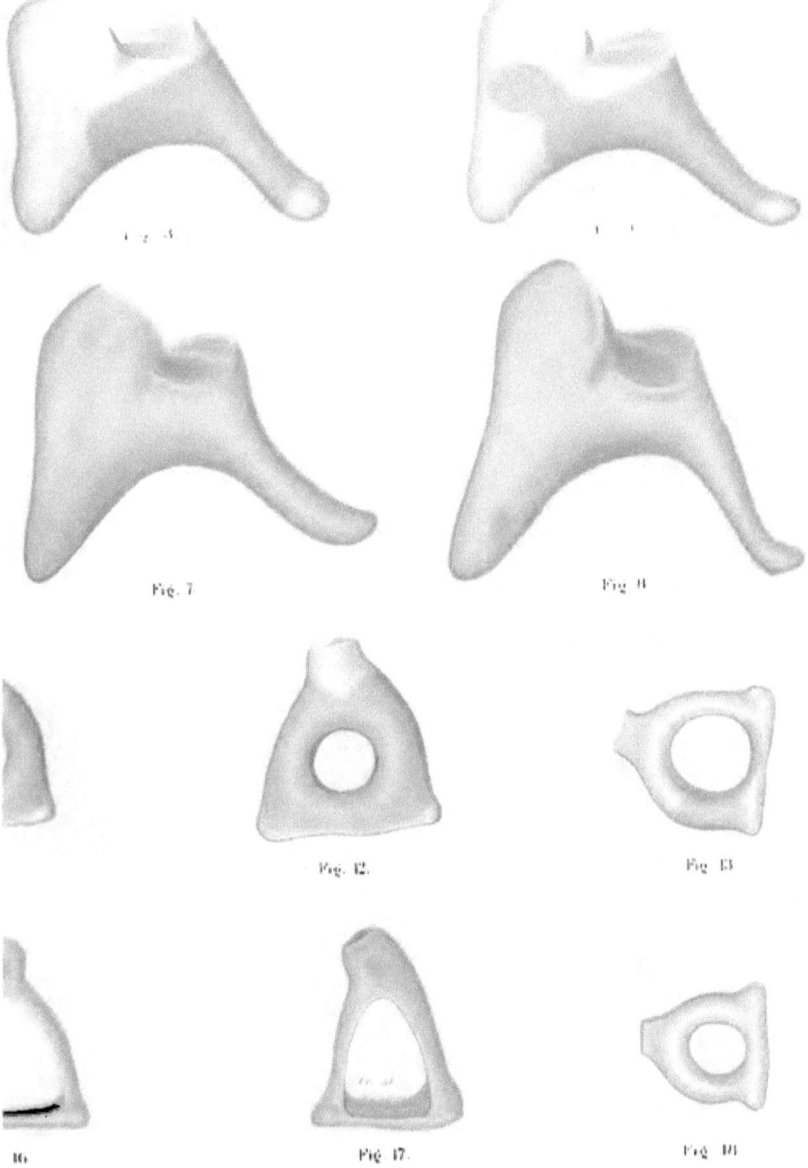

Fig. 5.

Fig. 6.

Fig. 7.

Fig. 8.

Fig. 12.

Fig. 13.

16

Fig. 17.

Fig. 18.

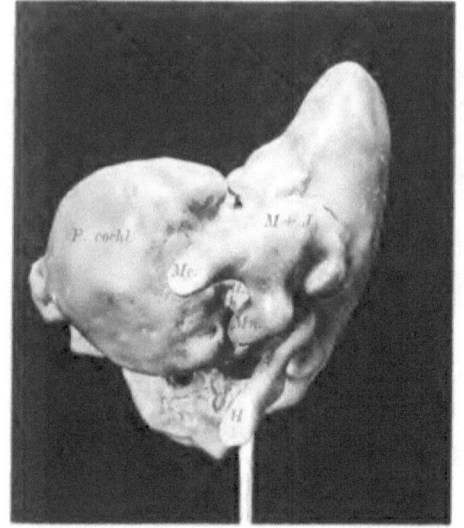

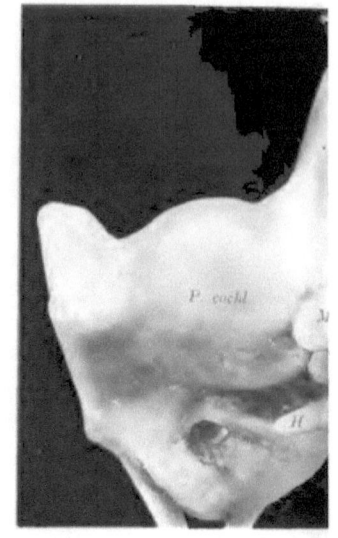

Fig. 1.

Fig. 2.

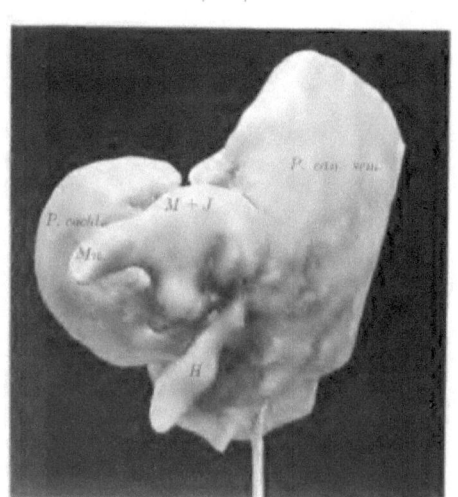

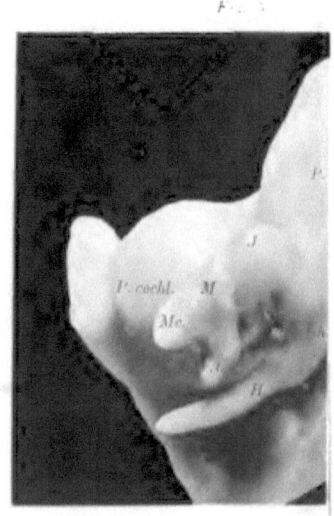

J. Broman phot.

Lichtdruck der Verlagsanstalt

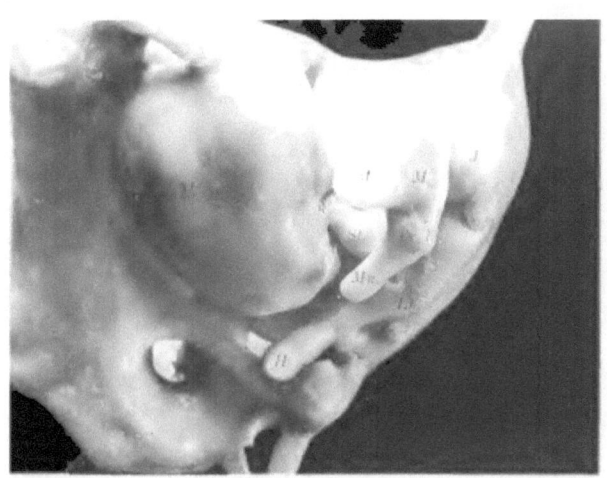

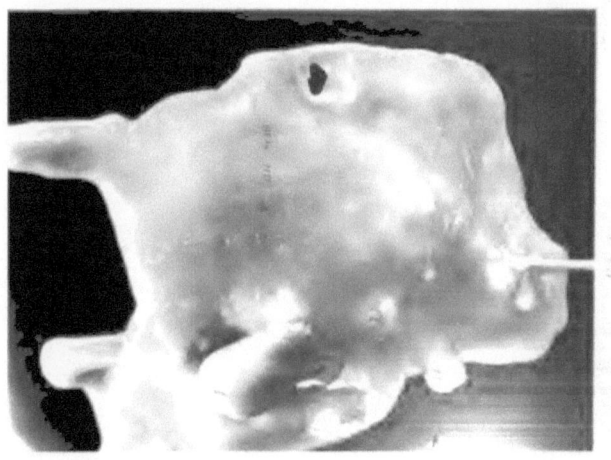

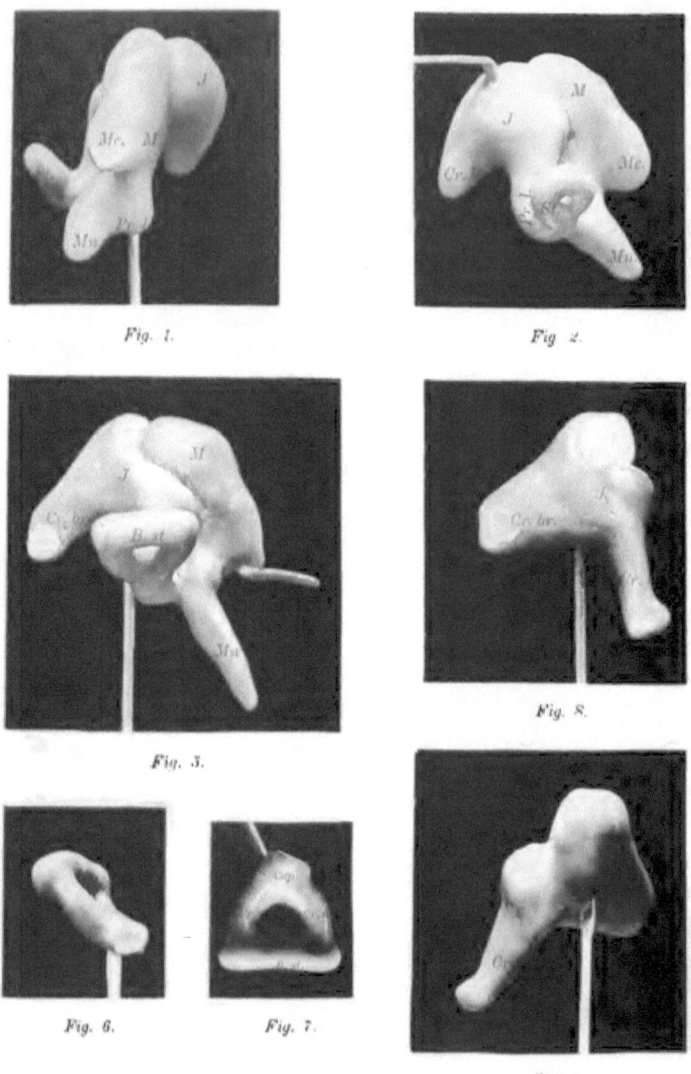

Fig. 1.

Fig. 2.

Fig. 3.

Fig. 8.

Fig. 6.

Fig. 7.

Fig. 9.

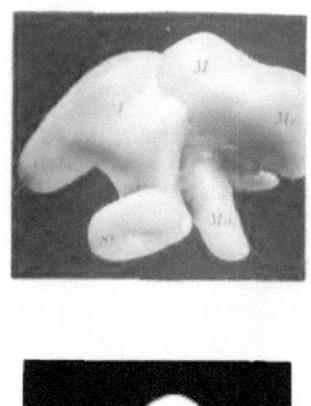

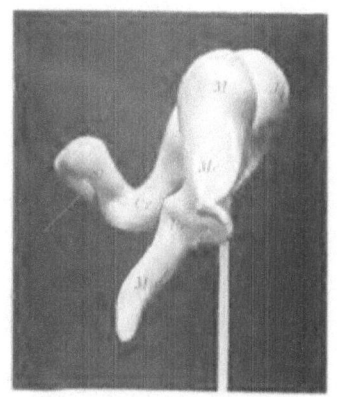